"十一五"国家科技支撑计划项目

村镇典型住宅太阳能采暖、给水排水、电气设计图集

泛华建设集团有限公司　主编

中国建筑工业出版社

图书在版编目（CIP）数据

村镇典型住宅太阳能采暖、给水排水、电气设计图集/
泛华建设集团有限公司主编．—北京：中国建筑工业
出版社，2012.5
ISBN 978-7-112-14070-1

Ⅰ. ①村…　Ⅱ. ①泛…　Ⅲ. ①农村住宅-太阳能采暖-
建筑设计-中国-图集②农村住宅-给水排水系统-建筑设计-
中国-图集③农村住宅-房屋建筑设备：电气设备-建筑
设计-中国-图集　Ⅳ. ①TU8-64

中国版本图书馆 CIP 数据核字（2012）第 028927 号

责任编辑：张文胜　姚荣华
责任设计：叶延春
责任校对：党　蕾　关　健

"十一五"国家科技支撑计划项目

村镇典型住宅太阳能采暖、给水排水、电气设计图集

泛华建设集团有限公司　主编

*

中国建筑工业出版社出版、发行（北京西郊百万庄）
各地新华书店、建筑书店经销
北京千辰公司制版
北京市密东印刷有限公司印刷

*

开本：787×1092 毫米　横 1/16　印张：12　字数：290 千字
2012 年 5 月第一版　　2012 年 5 月第一次印刷
定价：32.00 元
ISBN 978-7-112-14070-1
（22109）

前　言

根据"十一五"国家科技支撑计划重点项目要求，把太阳能在人们生活中的应用以及给水排水和电气设计模块结合村镇住宅的特点，建立当地布置模式数据库，可以符合当地具体情况，提高设计效率，计算绘图一体化程度大幅提高。新能源开发利用是我国政府高度关注的问题，将太阳能系统合理应用在设计中，做到设备选择和系统计算统一综合考虑，提高了设计质量和设计效率，对于节能减排做出贡献。

在大量调查研究的基础上，根据我国不同气候区域的具体特点，每个气候区选择了一种典型村镇住宅户型，从理论研究、绘制图集到建立软件数据库，为我国广大村镇住宅提供了一套完整的设计资料，方便了用户，简化了设计程序。

本图集绘制了村镇住宅太阳能地面采暖系统、生活冷热水系统、排水系统以及电气强、弱电系统设计。各个地区可参照本设计图集，推广应用于其他户型及不同形式的屋面。为了适应建设新农村的需要，特将在建设村镇住宅中常用的、基本的工程安装做法进行了编制，以方便各地区施工安装单位自行选用。本图集中相关技术理论可参考《村镇太阳能及住宅设备标准化设计技术》一书。

主编单位： 泛华建设集团有限公司

参编单位： 中广国际建筑设计研究院　西安建筑科技大学
　　　　　　安徽工业大学　　　　　　中国建筑科学研究院
　　　　　　北京博日明能源科技有限公司
　　　　　　扬州集福新能源科技有限公司

参编人员： 张志平　李海明　李安桂　黄　伟
　　　　　　王　静　梁传宝　张清海　刘汉彪
　　　　　　李　静　张新喜　张　杨　吴振方
　　　　　　赵英鹏　陈　兵　许　源　李　玥

"十一五"国家科技支撑计划项目

村镇典型住宅太阳能采暖、给水排水、电气设计图集

主编单位：泛华建设集团有限公司

参编单位：中广国际建筑设计研究院　西安建筑科技大学　安徽工业大学
中国建筑科学研究院　北京博日明能源科技有限公司
扬州集福新能源科技有限公司

主编单位负责人：张志平
编制技术总负责人：李海明
技术审定人：张清海
技术校核人：刘汉彪
设计负责人：梁传宝　赵英鹏

总 目 录

项目名称	村镇典型住宅太阳能采暖、给水排水、电气设计图集	图号	总－001
图　名	总　目　录	页次	001

设计总说明

一、编制目的

在"十一五"国家科技支撑计划项目中，把太阳能系统在人们生活中的应用，作为村镇住宅设备标准化设计的重要内容。为促进社会主义新农村建设，加强对我国村镇住房建设的指导，为了适应建设新农村的需要，特将在村镇住房建设中常用的、基本的工程做法进行了图集编制，以方便设计和施工安装的选用。

二、图集内容

本图集主要分三大部分。

第一部分是太阳能采暖系统设计，包括太阳能集热器、控制器、集热水泵、贮热水箱、辅助加热源、供回水管、止回阀、三通阀、过滤器、温度计、循环水泵、分集水器等。

辅助加热源形式有多种多样：电加热系统、锅炉热水系统、地源热泵、水源热泵、太阳能＋空气能系统等。具体采用哪种加热形式，各地区要根据当地的实际情况而定，系统安装主要考虑经济、合理、实用的基本原则选定。

第二部分是给水排水系统设计，包括自来水、生活热水、生活污水排放等。生活热水的热源主要是利用太阳能。

第三部分是强电、弱电设计，包括室内照明、配电、电视、电话系统以及防雷接地系统等。

三、适用范围

（1）本图集适用于太阳能热水系统采暖及生活热水村镇新建住宅的建筑，以及村镇新建住宅电气、给水排水设计、安装。

（2）本图集适用于村镇新建住宅坡屋顶或平屋面的建筑。

（3）本图集适用于村镇新建住宅取暖负荷≤50W/m² 的建筑。

（4）本图集适用于采用地板辐射采暖的村镇新建住宅建筑。

四、编制依据

（1）《太阳能热水系统设计、安装及工程验收技术规范》GB/T 18713—2002；

（2）《全玻璃真空太阳集热管》GB/T 17049—2005；

（3）《真空管太阳集热器》GB/T 17581—1998；

（4）《钢结构设计规范》GB 50017—2003；

（5）《建筑结构载荷规范》GB 5009—2001；

（6）《屋面工程质量验收规范》GB 50207—2002；

（7）《钢结构工程施工质量验收规范》GB 50205—2001；

（8）《建筑电气安装工程施工质量验收规范》GB 50303—2002；

（9）《建筑工程施工质量验收统一标准》GB 50300；

项目名称	村镇典型住宅太阳能采暖、给水排水、电气设计图集	图号	总-002
图　名	设计总说明	页次	002

（10）《民用建筑太阳能热水系统应用技术规范》GB 50364—2005；

（11）《建筑地基基础设计方案》GB 50003—2001；

（12）《混凝土结构设计规范》GB 50010—2002；

（13）《建筑设计抗震规范》GB 50011—2001；

（14）《住宅设计规范》GB 50096—99；

（15）《民用建筑设计通则》GB 50352—2005；

（16）《建筑地基处理设计规范》JCJ79—2002；

（17）《镇（乡）村建筑抗震设计规范》JCJ161—2008；

（18）《建筑给水排水设计规范》GB 50015—2003；

（19）《采暖通风与空气调节设计规范》GB 50019—2003；

（20）《建筑给水排水及采暖工程施工质量验收规范》GB 50242—2002；

（21）《民用建筑电气设计规范》JCJ16—2008；

（22）《建筑电气安装工程施工质量验收规范》GB 50303—2002。

项目名称	村镇典型住宅太阳能采暖、给水排水、电气设计图集	图号	总-003
图 名	设计总说明	页次	003

太阳能设计图纸目录

项目名称	村镇住宅太阳能设计	图号	暖－001
图　名	太阳能设计图纸目录（一）	页次	004

项目名称	村镇住宅太阳能设计	图号	暖-002
图 名	太阳能设计图纸目录（二）	页次	005

项目名称	村镇住宅太阳能设计	图号	暖-003
图 名	太阳能设计图纸目录（三）	页次	006

太阳能热水系统设备选型及安装说明

1. 太阳能集热器总面积的确定

一般来说，全年使用的太阳能热水系统在计算时采用全年平均气象参数，侧重于春、夏、秋季使用的太阳能热水系统，在计算时采用春分或秋分所在月的月平均气象参数；侧重于冬季使用的太阳能热水系统在计算时采用12月的月平均气象参数；直接式太阳能热水系统的集热器总面积可根据系统的日平均用水量和用水温度确定。

直接式系统太阳能集热器总面积可按下式计算：

$$A_c = \frac{Q_w C \rho_r \ (t_{end} - t_L) \ f}{J_T \eta_{cd} \ (1 - \eta_L)}$$

式中　A_c——直接式系统集热器总面积，m^2；

　　　Q_w——日平均用水量，kg；

　　　C——水的定压比热容，4.187kJ/(kg·℃)；

　　　ρ_r——水的密度，$1 \times 10^3 kg/m^3$；

　　　t_{end}——贮热水箱内水的终止设计温度，℃；

　　　t_L——水的初始温度，℃；

　　　J_T——当地集热器采光面上的年平均日太阳辐照量，kJ/m^2；

　　　f——太阳能保证率，%；根据系统使用期内的太阳辐照、系统经济性及用户要求等因素综合考虑后确定，宜为30%~80%，一般采用60%；

　　　η_{cd}——集热器的年平均集热效率；根据经验取值，宜为0.25~0.50，具体取值应根据集热器产品的实际测试结果而定；

　　　η_L——贮水箱和管路的热损失率；根据经验取值，宜为0.20~0.30。

间接式系统太阳能集热器总面积的确定：

间接系统与直接系统相比，由于换热器内外存在传热温差，使得在获得相同温度热水的情况下，间接系统比直接系统的集热器运行温度高，造成集热器效率降低，因此间接系统的集热器面积需要补偿。

间接式系统太阳集热器总面积可按下式计算：

$$A_{IN} = A_c \times \left(1 + \frac{F_{RUL} \times A_c}{U_{hx} \times A_{hx}} \right)$$

式中　A_{IN}——间接式系统集热器总面积，m^2；

　　　A_c——直接式系统集热器总面积，m^2；

　　　F_{RUL}——集热器总热损系数，$W/(m^2·℃)$，对平板型集热器F_{RUL}宜取4~6$W/(m^2·℃)$，对真空管集热器F_{RUL}宜取1~2$W/(m^2·℃)$，具体数值应根据集热器产品的实际测试结果而定；

项目名称	村镇住宅太阳能设计公用图	图号	暖-004
图　　名	太阳能热水系统设备选型及安装说明（一）	页次	007

U_{hx}——换热器传热系数，W/(m²·℃)；

A_{hx}——间接系统换热器换热面积，m²。

太阳能集热器总面积确定的经验值：

（1）集热器面积选用按人均计算：每人用水50L温升30℃的热水，人均用0.8m²的集热器面积；

（2）集热器面积选用按热水用量计算：每吨热水需要太阳能集热器面积16m²。

2. 太阳能热水工程选用保温水箱设计的一般原则

（1）太阳能热水工程所用保温水箱有效容积应满足用户最高日用热水定额要求；

（2）太阳能热水工程所用保温水箱有效容积通常按每平方米集热面积对应75L计算；

（3）太阳能热水工程所用蓄热水箱容积通常为保温水箱容积的30%；

（4）太阳能热水工程所用水箱在设计时一定要考虑建筑物的荷载，当建筑荷载不能满足水箱承重要求时，可将一个大容量的水箱分成几个小容量的水箱；

（5）当水箱放置在室内时应特别注意水箱满足施工要求；

（6）水箱周围应采取防水排水措施，做好防水处理；

（7）水箱上方及周围应预留安装、检修空间，一般不小于600mm；

（8）水箱应尽量靠近太阳能集热器放置，以减少其连接管道中的热损耗；

（9）水箱的保温采用80～100mm聚氨酯或橡塑板，外敷0.4mm以上镀锌板。

3. 辅助能源加热量计算

小时耗热量可按下式计算：

$$Q_h = K_h \frac{m q_r C (t_r - t_l) \rho_r}{86400}$$

式中　Q_h——设计小时耗热量，W；

m——用水计算单位数，人数或床位数；

q_r——热水用水定额，L/(人·d)或L/(床·d)，应按 GB 50015——2003 选用；

C——水的比热，$C = 4187$J/(kg·℃)；

t_r——热水温度，$t_r = 50$℃；

t_l——冷水温度，应按 GB 50015——2003 选用；

ρ_r——热水密度，kg/L；

K_h——小时变化系数。

或按下式计算：

$$Q_g = Q_h - 1.163 \frac{\eta V_r}{T} (t_r - t_l) \rho_r$$

项目名称	村镇住宅太阳能设计公用图	图号	暖-005
图　名	太阳能热水系统设备选型及安装说明（二）	页次	008

式中　Q_g——容积式水加热器的设计小时供热量，W；

　　　Q_h——热水系统设计小时耗热量，W；

　　　η——有效贮热容积系数；容积式水加热器 $\eta = 0.75$，导流型容积式水加热器 $\eta = 0.85$；

　　　V_r——总贮热容积，L；

　　　T——辅助加热量持续时间，h，$T = 2 \sim 4h$；

　　　t_r——热水温度，℃，按设计水加热器出水温度或贮水温度计算；

　　　t_l——冷水温度，℃，宜按 GB 50015——2003 选用；

　　　ρ_r——热水密度，kg/L。

4. 水泵设计选型及计算

　　太阳能系统中用到的水泵主要有两大用途：循环和增压。水泵的选择主要确定扬程和流量，应根据使用场合来进行计算确定。另外还需要考虑下列因素：

　　（1）使用的介质和水泵的材质；

　　（2）水泵的耐温；

　　（3）水泵的噪声。

屋顶集热器与储水箱循环水泵选择：

　　（1）扬程的确定：

　　1）水箱液面与集热器的最高垂直距离 + 管道的压力损失（所做系统内管路总长度×1％）+ 每个阀门的压力损失；

　　2）确定系统内串联管道的总长度；

　　3）分别计算每种管径的管道压力损失，将各段压力损失相加即为总的压力损失；

　　4）每个弯头及阀门的压力损失。

　　（2）流量的确定：

　　集热器面积×固定参数（$0.072t/m^2 \cdot h$）

　　水泵的流量为循环流量，用于热水系统的热水循环流量计算。全天供应热水系统的循环流量，按下式计算：

$$q_x = \frac{Qs}{1.163\Delta t\rho}$$

式中　q_x——循环流量，L/h；

　　　Qs——配水管道系统的热损失，W，应经计算确定；初步设计时，可按设计小时耗热量的 3％ ～5％ 选用；

　　　$\triangle t$——配水管道的热水温度差，℃，根据系统大小确定，一般可采用 5～10℃；

　　　ρ——热水水密度，kg/L。

　　定时供应热水的系统，应按管网中的热水容量每小时循环 2～4 次计算循环流量。

5. 管路管线的设计

　　太阳能集热器与保温水箱的管路设计：

项目名称	村镇住宅太阳能设计公用图	图号	暖-006
图　名	太阳能热水系统设备选型及安装说明（三）	页次	009

每组太阳能集热器入口前要安装可调节流量的截止阀，联集管集热器在供水管路进入集热器之前，要向上高过集热器高度做一反水弯，在反水弯顶部要安装排气阀；

在集热器出水口与回水管连接处做一反水弯，在反水弯顶部安装排气阀；

供水管路的口径要小于回水管口径，为使回水管路减少热损失，回水管路尽可能与保温水箱保持3%的坡度。

6. 太阳能热水系统电气设计

（1）太阳能热水系统的电气设计应满足太阳能热水系统用电负荷和运行安全要求；

（2）太阳能热水系统中所使用的电器设备应有电流过热保护、接地和断电等安全措施；

（3）系统应安装漏电保护器，漏电保护器的动作电流不得超过30mA；

（4）太阳能热水系统电器控制线路应穿管暗敷，或在管道井中敷设；

（5）导线横截面积计算：

导线横截面积可根据功率 = 电流×电压计算得出；

一般铜导线的安全载流量为 $5 \sim 8A/mm^2$，铝导线的安全载流量为 $3 \sim 5A/mm^2$。

7. 太阳能采暖热水系统电器安装

（1）电器管线预留，电加热电缆做套管。尽量预留至靠近水箱的部位，电缆要留出足够的长度。

（2）控制柜、配电柜安装位置设计：

太阳能系统中控制柜有两种安装方法：一种是配电柜安装在水箱边，控制柜在室内安装；另一种方法是控制和配电柜合成一个柜子安装在水箱边。

安装在屋面的配电柜要考虑露天安装要具备防雨、防风、防雷击。配电柜要安装在基础支架上。

安装在室内的控制柜，要考虑各种信号控制线与保温水箱之间的连接距离尽量地短。

项目名称	村镇住宅太阳能设计公用图	图号	暖-007
图　名	太阳能热水系统设备选型及安装说明（四）	页次	010

全国冷水温度一览表

地　区	地面水温度（℃）	地下水温度（℃）
黑龙江、吉林、内蒙古的全部，辽宁的大部分，河北、山西、陕西偏西部分，宁夏偏东部分	4	6～10
北京、天津、山东全部，河北、山西、陕西大部分，河北北部，甘肃、宁夏、辽宁的南部，青海偏东和江苏偏北的一小部分	4	10～15
上海、浙江全部，江西、安徽、江苏的大部分，福建北部、湖南、湖北东部，河南南部	5	15～20
广东、台湾全部，广西大部分，福建、云南南部	10～15	20
重庆、贵州全部，四川、云南的大部分，湖南、湖北的西部，山西南部和甘肃秦岭以南地区，广西偏南的一小部分，上海、浙江全部，江西、安徽、江苏的大部	7	15～20

项目名称	村镇住宅太阳能设计公用图	图号	暖-008
图　名	全国冷水温度一览表	页次	011

Y形除污器		浮球阀		可曲挠橡胶接头		水表井	
保温管		管道泵		厨房洗池		四通连接	
波纹管		水泵		立式洗脸盆		弯头	
淋浴器		管道丁字上接		淋浴喷头		排水明沟	
弹簧安全阀		管道丁字下接		阀门		膨胀管	— PZ
电磁阀		管道交叉		球阀		混水龙头	
蝶阀		管道立管		闸阀		浴盆	
阀门井、检查井		管堵		三通阀		圆形地漏	
法兰堵盖		活接		热媒给水管	— RJ —	正三通	
法兰连接		减压阀		热媒回水管	— RH —	水表	
热水给水管	— RJ —	折弯管		正四通		压力传感器	— P —
热水回水管	— RH —	温度计		止回阀		伴热管	PZ
控制线		温度传感器		转子流量计		生活污水管	— SW
信号线		循环给水管	— XJ —	自动记录流量计		压力表	
生活给水管	— J —	循环回水管	— XH —	自动记录压力表		自动排气阀	

项目名称	村镇住宅太阳能设计公用图	图号	暖-009
图　名	图例符号	页次	012

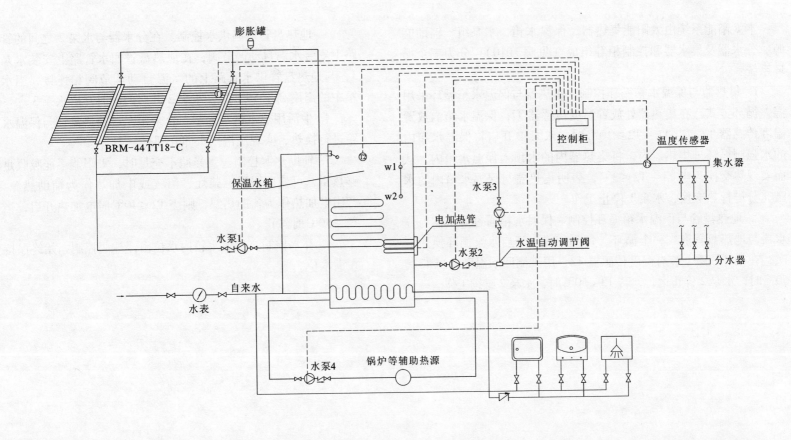

项目名称	村镇住宅太阳能设计公用图	图号	暖-010
图　名	太阳能系统运行原理图	页次	013

太阳能系统运行原理

本太阳能系统由太阳能集热器、保温水箱、水泵组、辅助能源、分水器及集水器和控制柜等组成（见暖-010），分为三个循环系统：

1. 集热器与保温水箱循环控制。集热器与保温水箱循环采用温差循环方式。在集热器处放置温度传感器 T1，保温水箱内放置温度传感器 T2。当 T1－T2≥10℃时，水泵 1 开启将保温水箱内的水强制循环进集热器内，将集热器内的水顶入保温水箱内，从而实现热交换；当 T1－T2≤3℃，表明集热器与保温水箱内的水已充分进行热交换，水泵 1 停止工作。

2. 地热盘管与保温水箱循环控制。保温水箱通过集水器与分水器与地热盘管形成一个循环。每隔 40min 开启水泵循环换热一次，在循环回路上装有温度传感器 T3，用于测回水温度。当 T3≥50℃时，水泵 2 停止运行，若 T3＜50℃时，水泵 2 继续工作。

3. 地热盘管恒温供水控制。在分水器与水泵 2 之间的管路上安装水温自动调节阀，在地热盘管回水管路上安装水泵 3，与地热盘管供水管路上的水温自动调节阀相连接，当水箱中的温度高于 55℃时，水泵 2 开启的同时开启水泵 3。

4. 生活用热水供水控制。自来水经过换热盘管与保温水箱进行换热，实现洗浴用水即开即热。

5. 辅助热源控制。当光照不充足时，太阳能不能吸收足够热量，可使用锅炉、柴灶、沼气或电加热作为辅助热源。若用电加热作为辅助热源，则当 T2≤40℃时电加热开启，当 T2≥50℃时停止。

6. 补水控制。保温水箱内水位由浮球阀控制，始终保持在满水位。

项目名称	村镇住宅太阳能设计公用图	图号	暖-011
图　名	太阳能系统运行原理说明	页次	014

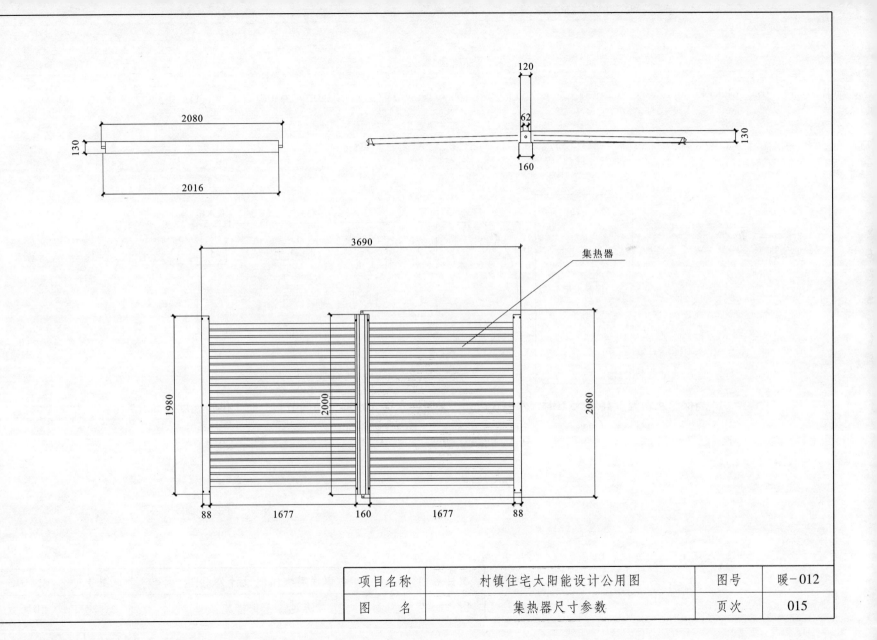

集热器

项目名称	村镇住宅太阳能设计公用图	图号	暖－012
图　名	集热器尺寸参数	页次	015

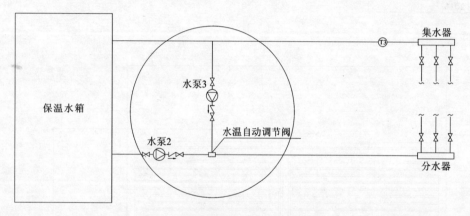

保温水箱

水泵3

水温自动调节阀

水泵2

集水器

分水器

当保温水箱温度高于55℃时，水泵3启动，采暖回水进入水温自动调节阀，防止供暖温度过高。

项目名称	村镇住宅太阳能设计公用图	图号	暖-013
图　　名	防过热保护措施	页次	016

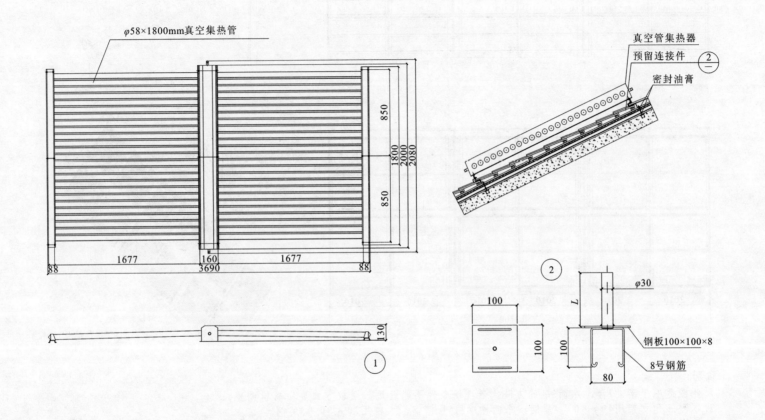

$\varphi 58 \times 1800mm$真空集热管

真空管集热器
预留连接件
密封油膏

②

850
850
1800
2000
2080

1677
160
1677
88
3690
88

130

①

②

100
100

$\varphi 30$

L

100
80

钢板$100 \times 100 \times 8$
8号钢筋

项目名称	村镇住宅太阳能设计公用图	图号	暖-014
图　名	坡屋顶联集管集热器安装图	页次	017

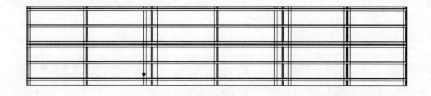

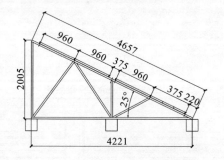

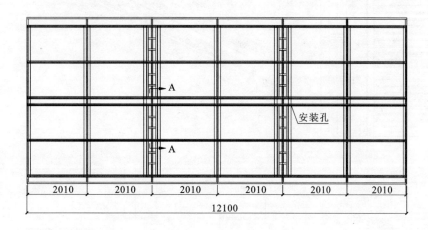

A

A

安装孔

2010　2010　2010　2010　2010　2010

12100

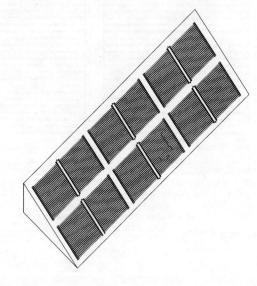

说明：
1. 此图适用于南北2台，东西3串的方阵，若现场条件不能满足，摆放方式要做有机调整；
2. 本图三角支架用40×40×4角钢，东西横梁用5号槽钢，人梯用30×30×3角钢；
3. 槽钢上有直径为9mm的安装孔，焊接时要靠工装保证位置正确；
4. 支架焊完后要除锈、除油、去焊渣后涂防锈漆两遍，然后涂银粉漆2遍；
5. 整个支架斜拉筋的多少和连接方式要根据实际情况决定，以保证支架强度。

项目名称	村镇住宅太阳能设计公用图	图号	暖－015
图　　名	二层联集管集热器平面布置图	页次	018

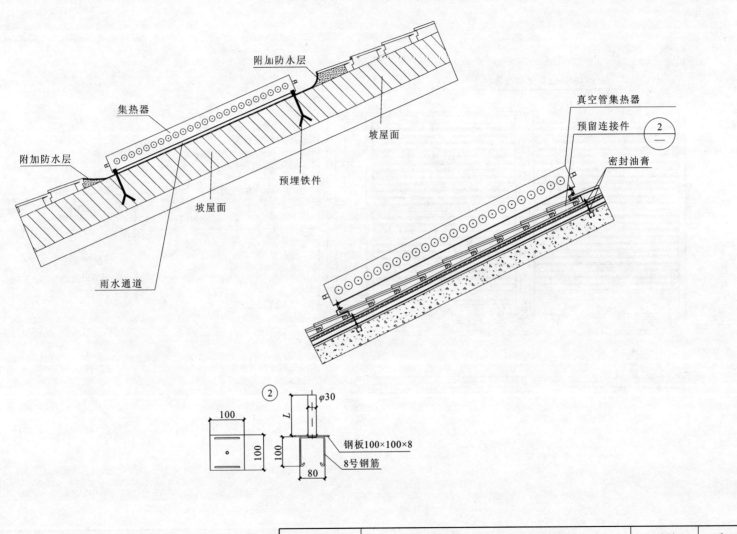

附加防水层
集热器
真空管集热器
预留连接件
密封油膏
坡屋面
附加防水层
预埋铁件
坡屋面
坡屋面
雨水通道

100

φ30

100

L

100

钢板100×100×8
8号钢筋

80

项目名称	村镇住宅太阳能设计公用图	图号	暖-016
图　名	斜屋面集热器安装方法	页次	019

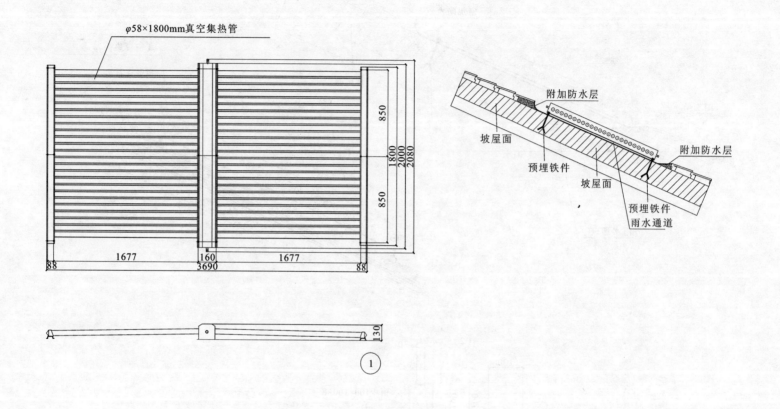

φ58×1800mm真空集热管

850
1800
2000
2080
850

1677
160
1677
3690
88
88

130

①

附加防水层
坡屋面
预埋铁件
坡屋面
附加防水层
预埋铁件
雨水通道

项目名称	村镇住宅太阳能设计公用图	图号	暖-017
图　名	真空管型集热器坡屋面内嵌式安装图	页次	020

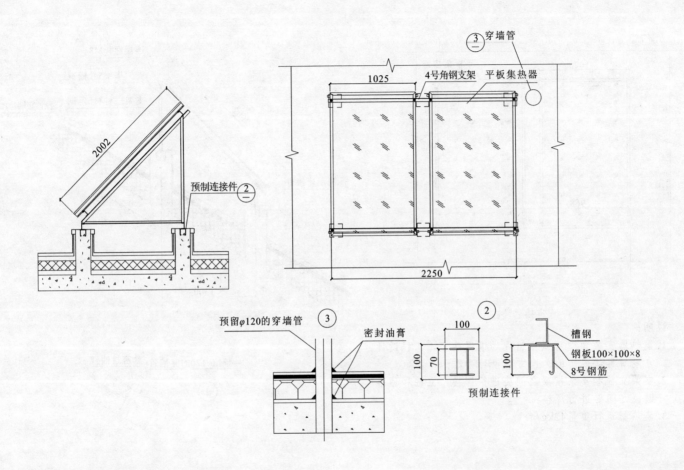

穿墙管

1025 4号角钢支架 平板集热器

2002

预制连接件

2250

预留φ120的穿墙管

密封油膏

100

100 70

100

槽钢

钢板100×100×8

8号钢筋

预制连接件

项目名称	村镇住宅太阳能设计公用图	图号	暖-018
图 名	平板型集热器平屋面安装图	页次	021

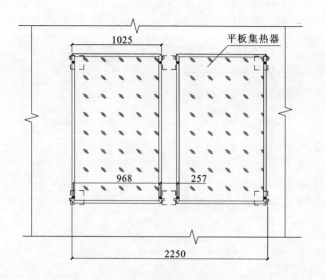

平板集热器

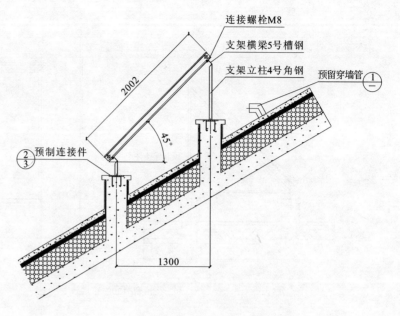

连接螺栓M8
支架横梁5号槽钢
支架立柱4号角钢
预留穿墙管 ①

预制连接件

45°

2002

1025

968   257

2250

1300

说明:
1. 集热器安装角度可以根据现场情况确定,工程设计方案有具体规定的,以方案设计为准;
2. 支架立柱和支架横梁之间要进行焊接,立柱和预留钢板之间要进行焊接;
3. 集热器运行重量42kg/台。

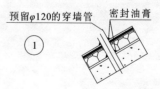

预留φ120的穿墙管   密封油膏

①

项目名称	村镇住宅太阳能设计公用图	图号	暖-019
图　　名	平板型集热器坡屋面安装图(一)	页次	022

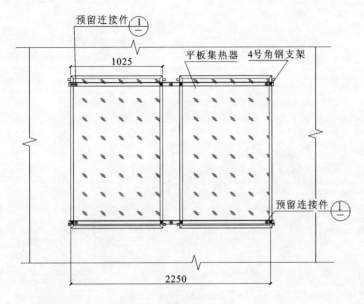

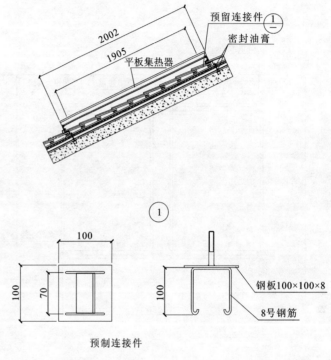

说明:
1. 预留连接件长度L根据楼顶保温层、防水层等厚度确定，但需要最终超出屋面尺寸≥100mm;
2. 预留连接件之间进行焊接，浇筑完毕后外露部分马上做防腐处理;
3. 预留连接件和角钢支架之间进行焊接，焊接完毕后马上做防腐处理。

预制连接件

项目名称	村镇住宅太阳能设计公用图	图号	暖-020
图名	平板型集热器坡屋面安装图（二）	页次	023

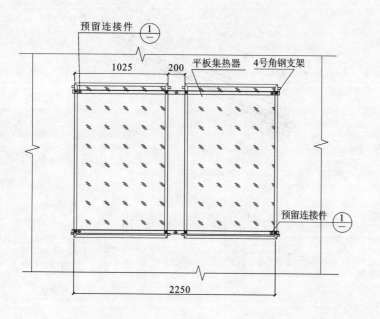

预留连接件 ①
1025　200　平板集热器　4号角钢支架
2250
预留连接件 ①

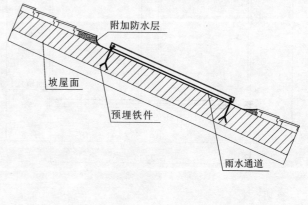

附加防水层
坡屋面
预埋铁件
雨水通道

项目名称	村镇住宅太阳能设计公用图	图号	暖-021
图　名	平板型集热器坡屋面内嵌式安装图	页次	024

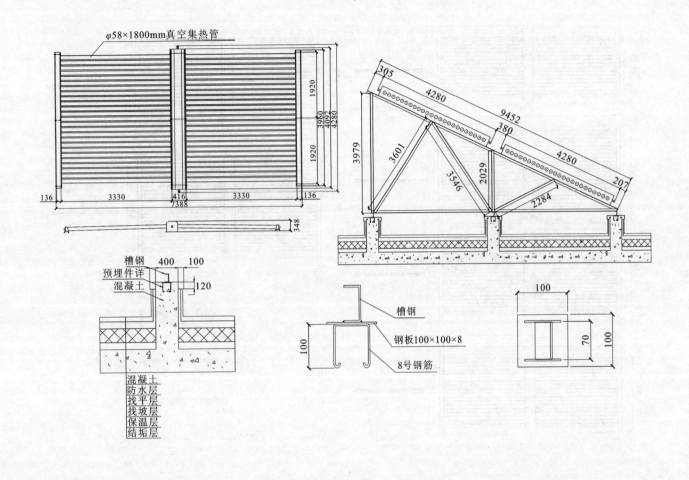

φ58×1800mm真空集热管

槽钢
预埋件详
混凝土

400 100
120

混凝土
防水层
找平层
找坡层
保温层
结垢层

槽钢
钢板100×100×8
8号钢筋

项目名称	村镇住宅太阳能设计公用图	图号	暖－022
图　名	平屋顶预留支墩联集管集热器安装图	页次	025

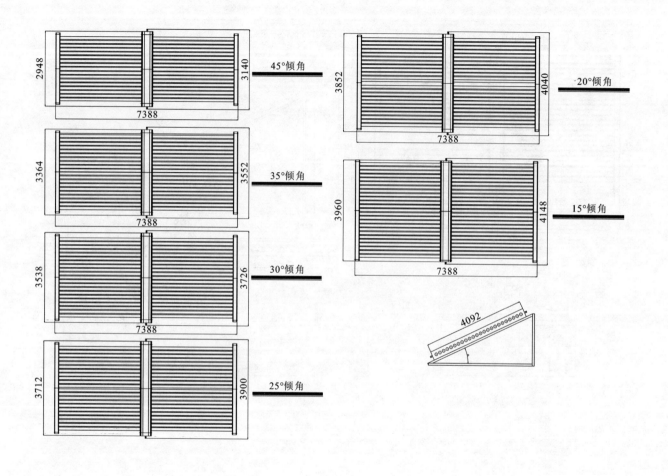

项目名称	村镇住宅太阳能设计公用图	图号	暖-023
图　名	真空管型集热器各角度投影长度	页次	026

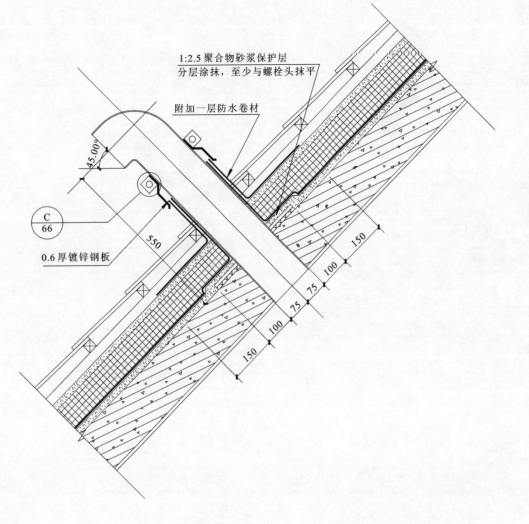

1:2.5聚合物砂浆保护层
分层涂抹，至少与螺栓头抹平

附加一层防水卷材

45.00°

C
66

0.6厚镀锌钢板

550

150

100

75

75

100

150

项目名称	村镇住宅太阳能设计公用图	图号	暖-024
图　　名	太阳能管道穿屋面做法	页次	027

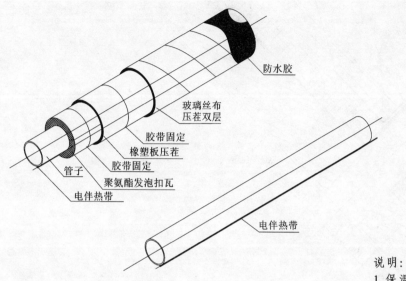

防水胶

玻璃丝布
压茬双层

胶带固定

橡塑板压茬

胶带固定

管子

聚氨酯发泡扣瓦

电伴热带

聚氨酯发泡扣瓦
电伴热带

电伴热带

电伴热带保温结构图

说明：
1.保温采用聚氨酯发泡扣瓦，其保温层厚度为30mm;
2.保护层形式及要求与直管部分相同;
3.每个管路只要一根伴热带，伴热带与管子底部紧密贴合在一起;
4.伴热带最长安装35m，35m以上的管路，需重新接电源。

项目名称	村镇住宅太阳能设计公用图	图号	暖-025
图　名	明装管道保温图（一）	页次	028

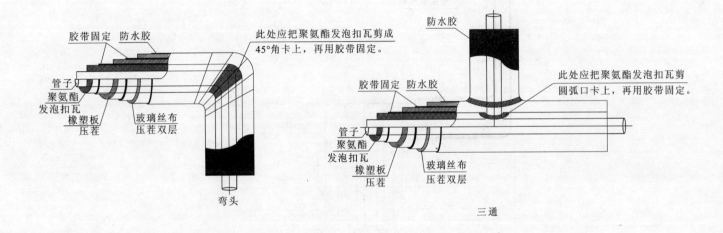

胶带固定　防水胶

此处应把聚氨酯发泡扣瓦剪成45°角卡上，再用胶带固定。

管子
聚氨酯
发泡扣瓦
橡塑板
压茬

玻璃丝布
压茬双层

弯头

防水胶

此处应把聚氨酯发泡扣瓦剪圆弧口卡上，再用胶带固定。

胶带固定　防水胶

管子
聚氨酯
发泡扣瓦
橡塑板
压茬

玻璃丝布
压茬双层

三通

说明：

1. 弯头、三通保温结构图：保护层用于室外或地沟时，其做法与直管保温相同；

2. 弯头保护层应按弯管管径大小分节施工。保护层扎紧后，接缝应靠近，不留缝隙。

项目名称	村镇住宅太阳能设计公用图	图号	暖-026
图　名	明装管道保温图（二）	页次	029

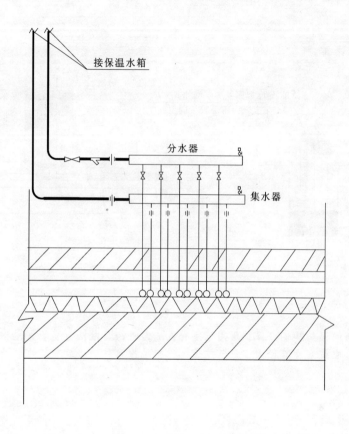

接保温水箱

分水器

集水器

项目名称	村镇住宅太阳能设计公用图	图号	暖-027
图 名	分、集水器大样图	页次	030

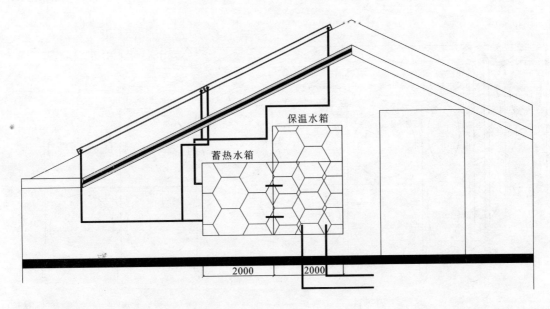

保温水箱

蓄热水箱

2000   2000

说明:
在坡屋面建筑中,保温水箱可以安装在闷顶中。
在设计时要注意以下几点:
1. 水箱位置要尽量在屋脊中央,水箱的高度最好在1500~2000mm之间;
2. 水箱位置要充分考虑到组装和做保温时的安装空间;
3. 水箱可分割成几个串联在一起,但水箱高度要一致;
4. 要选用低噪声水泵,防止噪声污染。

项目名称	村镇住宅太阳能设计公用图	图号	暖-028
图　　名	闷顶水箱安装设计	页次	031

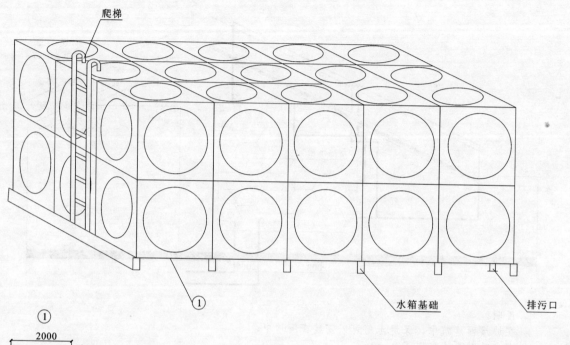

爬梯

①

水箱基础

排污口

① 2000 × 2000

拼装板尺寸

说明:
　方形水箱采用模块拼装式。材质有不锈钢和钢板搪瓷两种。
适用于室内安装和高层建筑屋面安装。

项目名称	村镇住宅太阳能设计公用图	图号	暖-029
图　　名	水箱做法大样图	页次	032

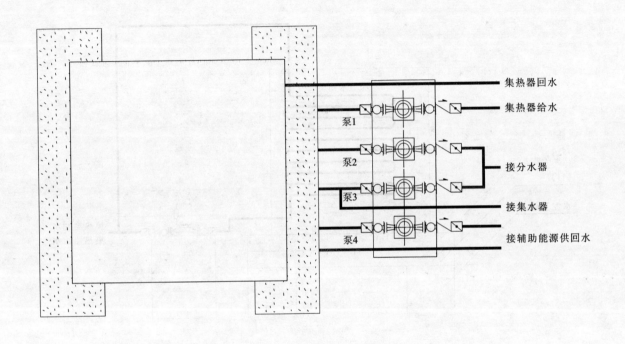

集热器回水

集热器给水

泵1

泵2

接分水器

泵3

接集水器

泵4

接辅助能源供回水

项目名称	村镇住宅太阳能设计公用图	图号	暖-030
图　名	水箱连接平面图	页次	033

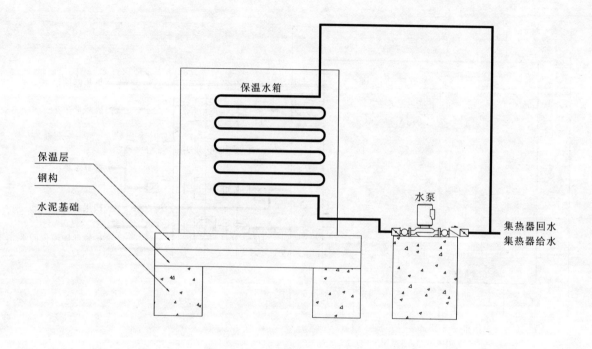

保温水箱

保温层

钢构

水泥基础

水泵

集热器回水
集热器给水

项目名称	村镇住宅太阳能设计公用图	图号	暖-031
图　名	水箱连接立面图	页次	034

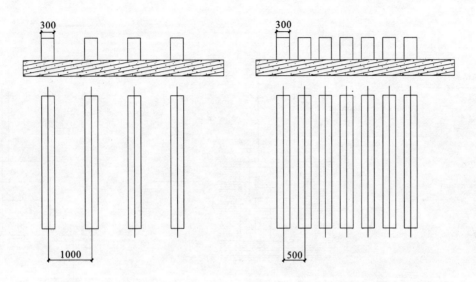

说明：
　　此图是水箱基础的基本做法。由于水箱是模块拼装，水箱基础间距
只能是1000mm或500mm。具体尺寸根据选用水箱尺寸参数决定。

项目名称	村镇住宅太阳能设计公用图	图号	暖－032
图　　名	水箱基础做法（一）	页次	035

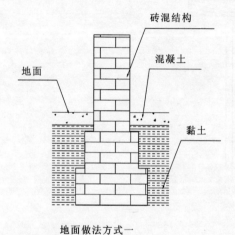

砖混结构

混凝土

地面

黏土

地面做法方式一

钢筋混凝土

地面

混凝土

黏土

地面做法方式二

钢筋混凝土

屋面

混凝土

钢筋

屋面做法

项目名称	村镇住宅太阳能设计公用图	图号	暖-033
图　名	水箱基础做法（二）	页次	036

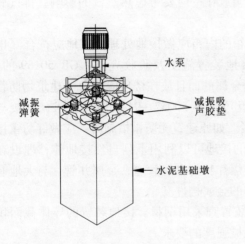

水泵

减振
弹簧

减振吸
声胶垫

水泥基础墩

水泵安装施工方法:
由于水泵安装在屋面,水泵安装要着重做好减振防噪的工作:
1.水泵采用德国威乐低噪声水泵;
2.在基础墩上先垫上减振吸声胶垫;
3.在减振吸声胶垫上安装减振弹簧;
4.在减振弹簧上安装减振吸声胶垫;
5.安装水泵;
6.水泵与水箱连接处安装蝶阀和减振喉,防止水泵的振动传给水箱;
7.在水泵前安装蝶阀和减振喉,用法兰连接;
8.在水泵出水端安装减振喉、消声止回阀和蝶阀,用法兰连接;
9.在水箱基础下垫减振吸声胶垫;
10.在水泵水箱区域内铺设吸声材料,将水泵产生的高频噪声吸收;
11.在出水端安装消声器,防止水对噪声的传递。

项目名称	村镇住宅太阳能设计公用图	图号	暖－034
图 名	水泵安装示意图	页次	037

工程用贮水箱的安装要求

1. 贮水箱安装在屋面时，基座必须设在建筑物承重墙（梁）上。

2. 贮水箱安装在室内或室外地面上时，基座必须做在强度符合要求的夯土层或岩层上，不得沉降。

3. 在建建筑，在屋面结构层上和屋面同步施工的贮水箱基座，施工完毕后应与屋面同步做防水处理，并应符合现行国家标准《屋面工程质量验收规范》GB 50207 的规定。

4. 既有建筑，贮水箱基座必须做在结构层上，破坏的防水必须恢复，并应符合现行国家标准《屋面工程质量验收规范》GB 50207 的规定。

5. 对于现场安装的组合式水箱考虑到底部保温施工的要求，水箱基座高度不应低于 300mm。

6. 放置贮水箱的位置要考虑水箱溢流、排污等高温水对楼顶或地面的影响，周围要有排水管道、地漏等。

7. 当水箱设备间在二层以上的室内时，室内地面应做防水。用于制作贮水箱的材质、规格应符合设计要求。

8. 贮水箱应与其基座牢固连接。

9. 钢板焊接的贮水箱，水箱内外壁均应按设计要求做防腐处理。内壁防腐材料应卫生、无毒，且应能承受所贮存热水的最高温度。

10. 贮水箱四周应留有检修通道。水箱放在室内四周距侧面无管道墙距离 ≥0.7m；有管道墙净距 ≥1.0m，且管道外壁与建筑本体墙面之间 ≥0.6m；水箱下面有管道时净距 ≥0.8m；顶板距上面建筑本体净距 ≥0.8m。

11. 水箱顶部应留有检修口，底部应留有排污口，周围应有排水措施，水箱排水时不应积水。储水箱的排污口和溢流口应设置在排水地点附近，但不得与排水管直接连接。

12. 贮水箱放在室内要考虑热蒸汽的影响，排气管要引到室外。

13. 贮水箱的内箱应做接地处理。接地应符合《电气装置安装工程接地装置施工及验收规范》GB 50169 的要求。如果贮水箱是金属的而且放在楼顶应符合《建筑物防雷设计规范（2000 版）》GB 50057—94 的有关要求，直接与防雷网（带）连接。如原建筑无防雷措施时，应做好防雷接地。

14. 水箱的接地可以利用下列自然接地体；埋设在地下的没有可燃及爆炸物的金属管道、金属井管、与大地有可靠连接的建筑物的金属构件。

15. 接地装置宜采用钢材。接地装置的导体截面积应符合热稳定和机械强度的要求。

16. 接地体的连接应采用焊接，焊接必须牢固无虚焊，连接到水箱上的接地体应采用镀锌螺栓或铜螺栓连接。

17. 开式贮水箱应做检漏试验，试验方法应符合设计要求。检漏合格后才能进行保温施工。水箱保温应符合现行国家标准《工业设备及管道绝热工程质量检验评定标准》GB 50185 的要求。

18. 闭式水箱应作承压试验。

项目名称	村镇住宅太阳能设计公用图	图号	暖－035
图　名	工程用贮水箱的安装要求	页次	038

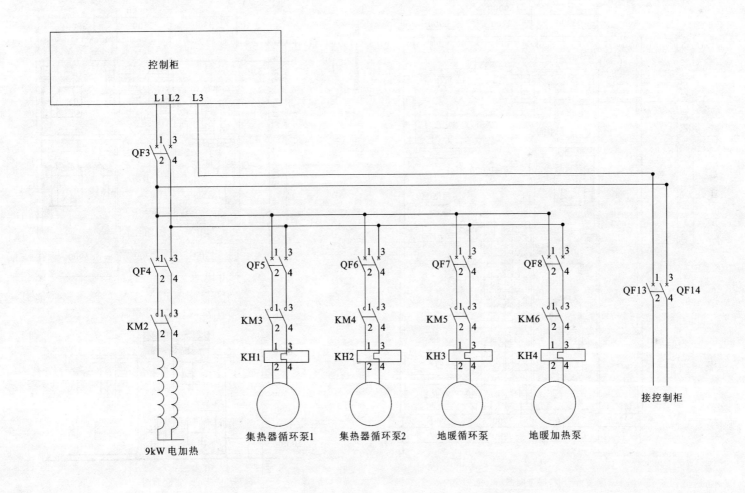

控制柜

L1 L2 L3

QF3

QF4   QF5   QF6   QF7   QF8

KM2   KM3   KM4   KM5   KM6

        KH1   KH2   KH3   KH4

QF13 QF14

接控制柜

9kW 电加热   集热器循环泵1   集热器循环泵2   地暖循环泵   地暖加热泵

项目名称	村镇住宅太阳能设计公用图	图号	暖-036
图　名	太阳能系统电气原理图	页次	039

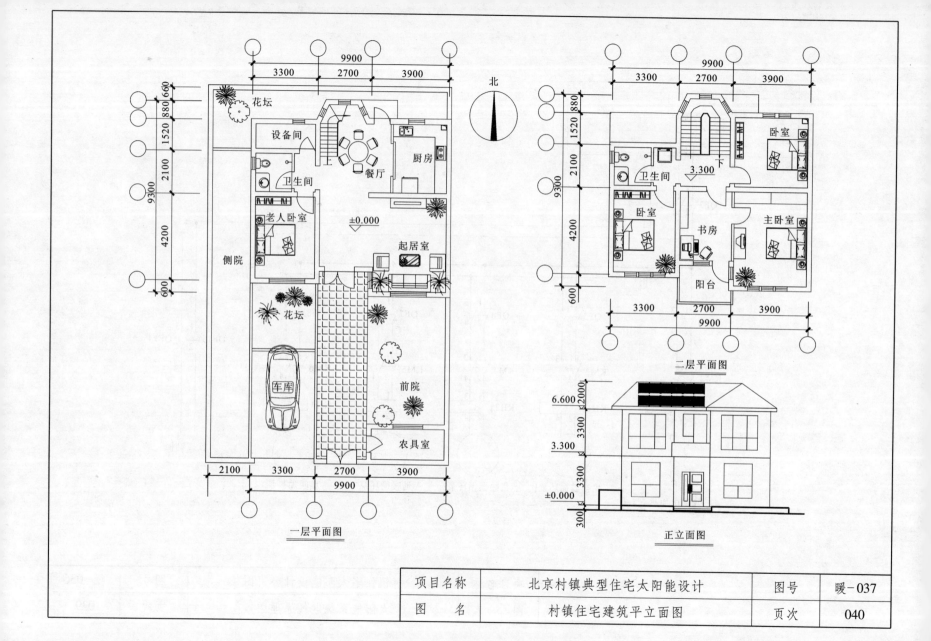

一层平面图

花坛
设备间
厨房
卫生间
餐厅
±0.000
老人卧室
起居室
侧院
花坛
车库
前院
农具室

9900
3300 2700 3900
660 880 1520 2100 4200 600
9300

2100 3300 2700 3900
9900

北

二层平面图

卧室
卫生间
3.300
书房
卧室
主卧室
阳台

9900
3300 2700 3900
880 1520 2100 4200 600
9300

3300 2700 3900
9900

正立面图

6.600
3.300
±0.000
2000 3300 3300 300

项目名称	北京村镇典型住宅太阳能设计	图号	暖-037
图　名	村镇住宅建筑平立面图	页次	040

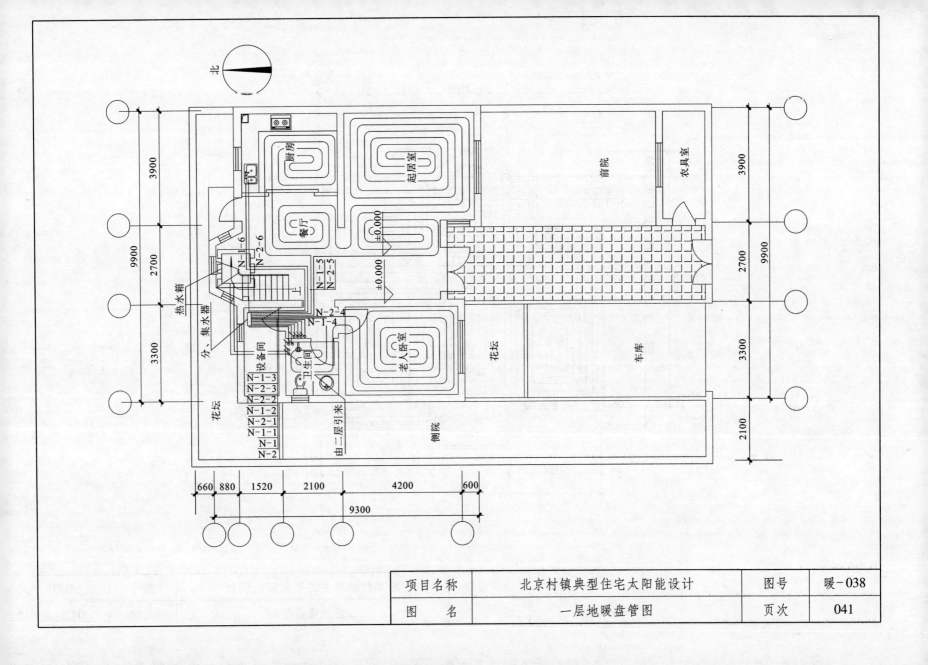

项目名称	北京村镇典型住宅太阳能设计	图号	暖-038
图名	一层地暖盘管图	页次	041

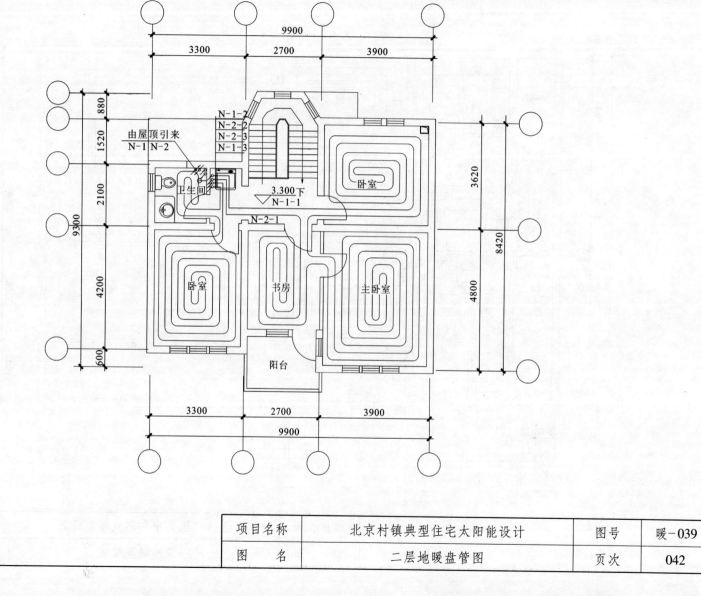

项目名称	北京村镇典型住宅太阳能设计	图号	暖-039
图 名	二层地暖盘管图	页次	042

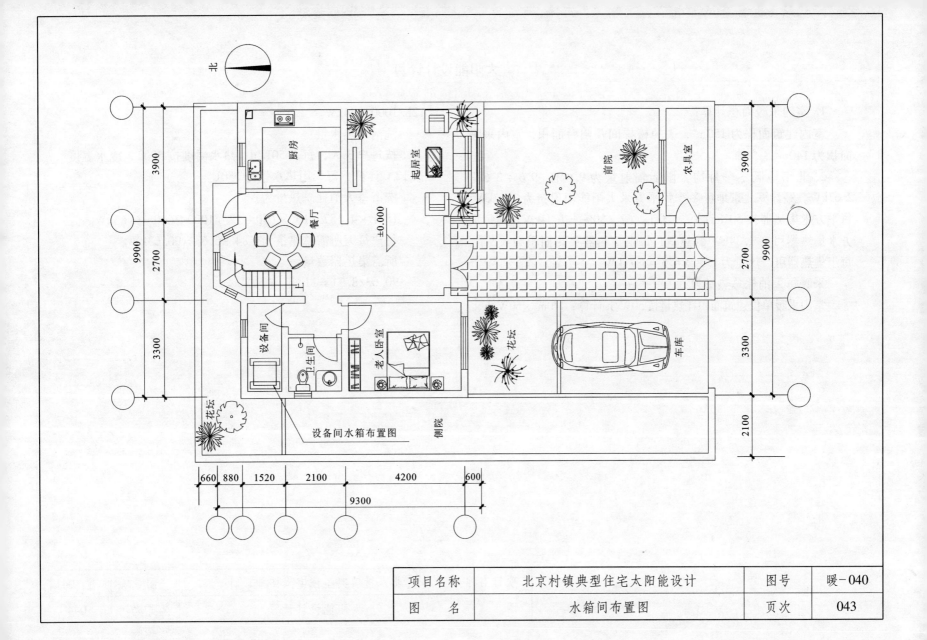

北

北

3900
2700
9900
3300

厨房

餐厅

起居室

±0.000

上

设备间

卫生间

老人卧室

花坛

前院

农具室

车库

花坛

花坛

设备间水箱布置图

侧院

660 | 880 | 1520 | 2100 | 4200 | 600

9300

3900
2700
9900
3300
2100

项目名称	北京村镇典型住宅太阳能设计	图号	暖-040
图　名	水箱间布置图	页次	043

太阳能设计计算

1. 室内采暖面积计算：

室内建筑面积为 150m²，去掉楼梯间及阳台面积，室内采暖面积为 140m²。

2. 北京地区冬季月均太阳能辐射量为 9.6MJ，$9.6 \div 3.6 = 2.67kW$。经计算北京地区冬季每平方米太阳能辐射量为 2.67kW，每平方米集热器按 50% 计算，则有 $2.67 \times 50\% = 1.34kW$。则每平方米集热器可产 1.34kW 的热量，每组集热器集热面积为 6.5m²。每组集热器可产热量为 $1.34 \times 6.5 = 8.71kW$

采暖每天消耗总热量为：

室内采暖单位建筑面积耗热量按 50W/h 计算，$140m² \times 50W/h \times$ 12h/1000 = 84kW。

洗浴用热水量：

按每户 3 人，每人 50L/d，热水温度按 50℃，冷水温度按 12℃ 计算，每天用热水量为 150L。

洗浴每天消耗总热量为：

$150L \times 4.187 \times 10^3 \times (50-12)/1000/3600 = 6.63kW$。

每户每天所需总热量为：$84 + 6.63 = 90.63kW$。

所需集热器数量：

$90.63/8.71 = 11$ 组。

项目名称	北京村镇典型住宅太阳能设计	图号	暖-041
图　　名	太阳能设计计算	页次	044

北京地区设计用气象参数

	北京			纬度39°48′，经度116°28′，高度31.3m							
月份	1	2	3	4	5	6	7	8	9	10	11	12
T_Q	-4.6	-2.2	4.5	13.1	19.8	24.0	25.8	24.4	19.4	12.4	4.1	-2.7
H_t	9.143	12.185	16.126	18.787	22.297	22.049	18.701	17.365	16.542	12.730	9.206	7.889
H_d	3.936	5.253	7.152	9.114	9.952	9.192	9.346	8.086	6.362	4.926	4.004	3.515
H_b	5.208	6.931	8.974	9.673	12.345	12.856	9.336	9.279	10.180	7.805	5.201	4.347
H	15.081	17.141	19.155	18.714	20.175	18.672	16.215	16.430	18.686	17.510	15.112	13.709
H_O	15.422	20.464	27.604	34.740	39.725	41.742	40.596	36.420	29.881	22.478	16.508	13.857
S_m	200.8	201.5	239.7	259.9	291.8	268.8	217.9	227.8	239.9	229.5	191.2	186.7
K_t	0.593	0.595	0.584	0.541	0.561	0.528	0.461	0.477	0.554	0.566	0.558	0.569

注：T_Q——月平均室外气温，℃；

H_t——水平面太阳总辐射月平均日辐照量，MJ／（m² · d）；

H_d——水平面太阳散射辐射月平均日辐照量，MJ／（m² · d）；

H_b——水平面太阳直射辐射月平均日辐照量，MJ／（m² · d）；

H——倾角等于当地纬度倾斜表面上的太阳总辐射月平均日辐照量，MJ／（m² · d）；

H_O——大气层上界面上太阳总辐射月平均日辐照量，MJ／（m² · d）；

S_m——月日照小时数；

K_t——大气晴朗指数。

项目名称	北京村镇典型住宅太阳能设计	图号	暖-042
图名	北京地区设计用气象参数	页次	045

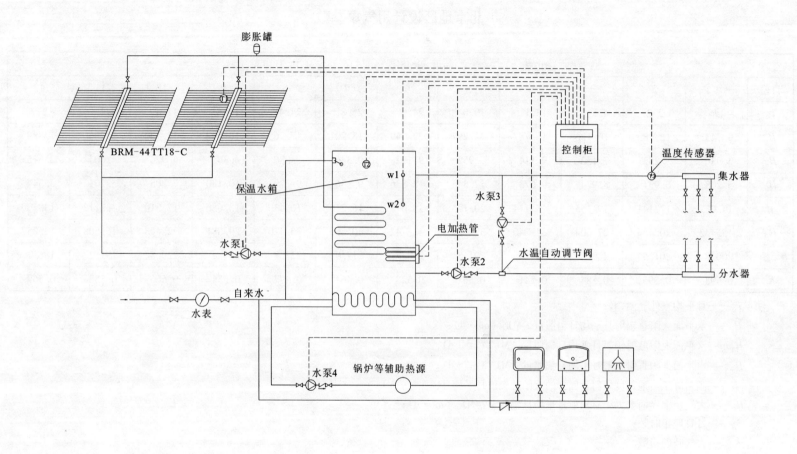

膨胀罐

BRM-44TT18-C

控制柜

温度传感器

集水器

保温水箱

w1

w2

水泵3

电加热管

水温自动调节阀

水泵1

水泵2

分水器

自来水

水表

水泵4

锅炉等辅助热源

项目名称	北京村镇典型住宅太阳能设计	图号	暖-043
图　名	太阳能系统运行原理图	页次	046

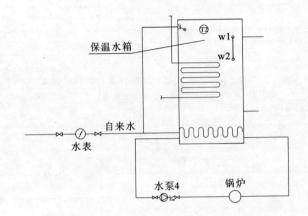

保温水箱

w1
w2

自来水

水表

水泵4　　锅炉

说明：辅助加热可采用燃煤锅炉，燃煤锅炉加热时
　　　只对保温水箱的水进行加热。

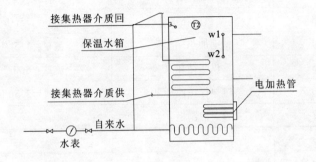

接集热器介质回

保温水箱

接集热器介质供

自来水

水表

w1
w2

电加热管

说明：辅助加热可采用电辅助加热，电加热管直接
　　　安装在保温水箱内。

项目名称	北京村镇典型住宅太阳能设计	图号	暖－044
图　名	辅助加热设计	页次	047

主要设备器材表

序号	名 称	型 号 及 规 格	单 位	数 量	备 注
1	集热器	BRM－44TT18－C	个	7	
2	保温水箱	$L \times B \times H = 1000mm \times 1000mm \times 2000mm$	个	1	
3	集热循环水泵	流量：1.5t/h 功率：90W 扬程：3.5m	台	1	
4	辅助加热循环泵	流量：1.5t/h 功率：46W 扬程：3m	台	1	
5	供暖循环泵	流量：6t/h 功率：330W 扬程：15m	台	1	
6	过热保护循环泵	流量：2.5t/h 功率：93W 扬程：6m	台	1	
7	控制柜	BRM－4	台	1	
8	膨胀罐		套	1	
9	换热盘管		套	1	
10	辅助电加热	9kW	套	1	
11	分水器		套	1	
12	集水器		套	1	
13	锅炉		套	1	

项目名称	北京村镇典型住宅太阳能设计	图号	暖－045
图 名	主要设备器材表	页次	048

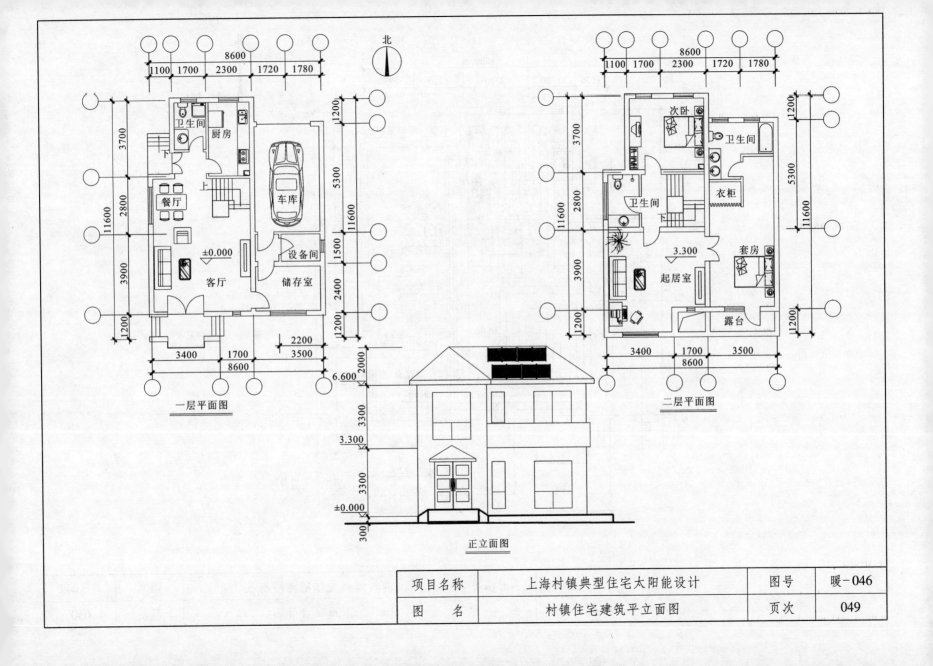

北

±0.000

卫生间 厨房

餐厅

车库

设备间

客厅 储存室

8600
1100 1700 2300 1720 1780

3700 2800 3900 1200
11600

3400 1700 2200 3500
8600

一层平面图

次卧

卫生间

卫生间 衣柜

起居室 套房

3.300

露台

8600
1100 1700 2300 1720 1780

3700 2800 3900 1200
11600

3400 1700 3500
8600

二层平面图

6.600
3300
3.300
3300
±0.000
300
2000

正立面图

项目名称	上海村镇典型住宅太阳能设计	图号	暖-046
图名	村镇住宅建筑平立面图	页次	049

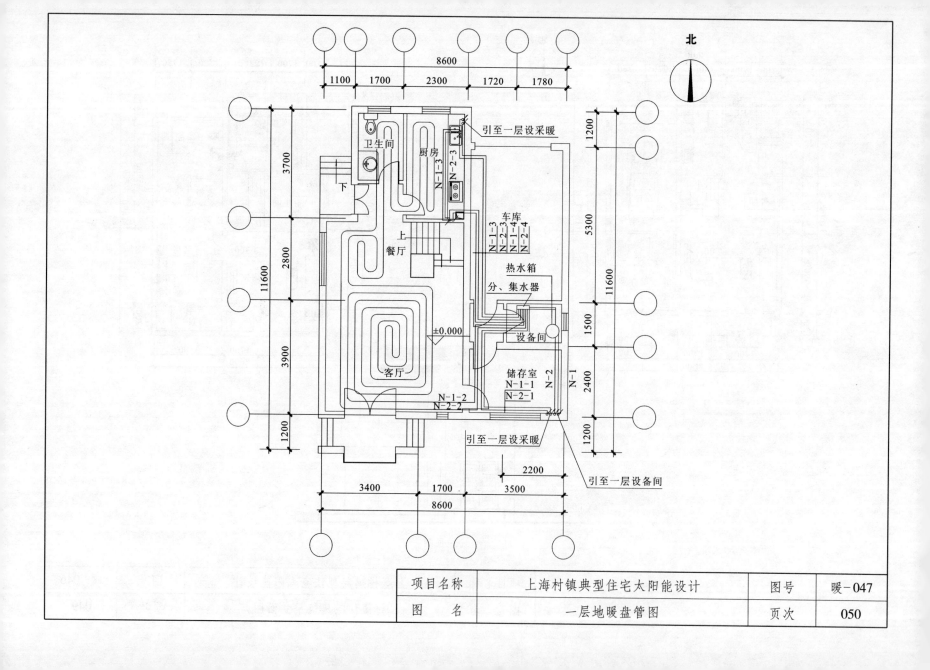

北

引至一层设采暖

卫生间

厨房
N-1-3

N-2-3

车库
N-1-3 N-2-3
N-1-4 N-2-4

热水箱

分、集水器

设备间

储存室
N-1-1
N-2-1

N-2
N-1

上

餐厅

上

±0.000

客厅

N-1-2
N-2-2

引至一层设采暖

引至一层设备间

8600
1100 1700 2300 1720 1780

1200
5300
11600
1500
2400
1200

3700
2800
3900
1200
11600

3400 1700 3500
2200
8600

项目名称	上海村镇典型住宅太阳能设计	图号	暖-047
图 名	一层地暖盘管图	页次	050

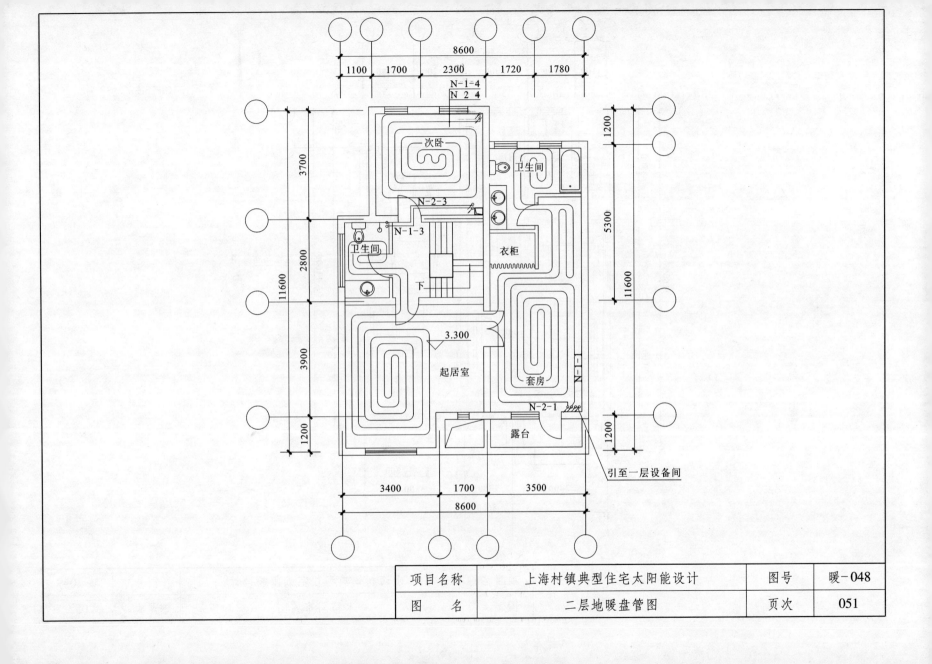

项目名称	上海村镇典型住宅太阳能设计	图号	暖-048
图　名	二层地暖盘管图	页次	051

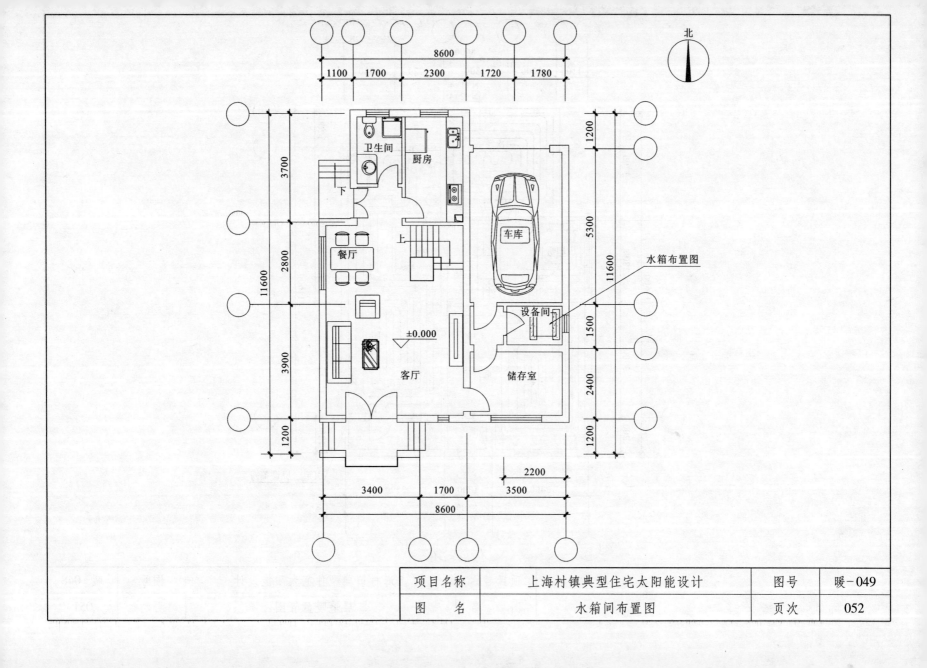

北

8600
1100 1700 2300 1720 1780

卫生间
厨房
下

餐厅
上
客厅
±0.000

车库

设备间
水箱布置图
储存室

3700
2800
3900
1200
11600

1200
5300
11600
1500
2400
1200

2200
3400 1700 3500
8600

项目名称	上海村镇典型住宅太阳能设计	图号	暖-049
图　名	水箱间布置图	页次	052

太阳能设计计算

1. 室内采暖面积计算：室内建筑面积为 173.40m²，去除设备间面积 36.4m²，室内采暖面积为 137m²。

2. 上海地区冬季月均太阳能辐射量为 8.67MJ，8.67÷3.6 = 2.41kW。经计算，上海地区冬季每平方米太阳能辐射量为 2.41kW。每平方米集热器按 50% 计算，则有 2.41×50% = 1.21kW。

则每平方米集热器可产 1.21kW 的热量，每组集热器集热面积为 6.5m²，1.21×6.5 = 7.87kW。每组集热器可产热量为 7.87kW。

采暖每天消耗总热量为：

室内采暖单位建筑面积耗热量按 25W/h 计算，137m²×25W/h×

12h/1000 = 41.1kW。

洗浴用热水量：

按每户 3 人，每人 50L/d，热水温度按 50℃，冷水温度按 20℃ 计算，每天用热水量为 150L。

洗浴每天消耗总热量为：

150L×4.187×10³×(50−20)/1000/3600 = 5.23kW。

每户每天所需总热量为：41.1+5.23 = 46.33kW。

所需集热器数量：46.33/7.87 = 6 组。

项目名称	上海村镇典型住宅太阳能设计	图号	暖−050
图 名	太阳能设计计算	页次	053

上海地区设计用气象参数

	上海		纬度31°24′，经度121°29′，高度6m									
月份	1	2	3	4	5	6	7	8	9	10	11	12
T_a	3.5	4.6	8.3	14.0	18.8	23.3	27.8	27.7	23.6	18.0	12.3	6.2
H_t	8.371	9.730	11.772	13.725	15.335	15.111	18.673	18.180	12.963	11.518	9.411	8.047
H_d	4.091	4.869	6.179	7.372	8.197	8.664	8.262	7.450	6.883	5.544	4.509	3.776
H_b	4.280	4.860	5.593	6.353	7.154	6.447	10.412	10.730	6.080	5.974	4.903	4.271
H	11.293	11.919	12.775	13.356	13.965	13.471	16.550	17.236	13.479	13.555	12.330	11.437
H_O	20.669	25.220	31.222	36.663	40.040	41.246	40.474	37.696	32.880	26.854	21.620	19.180
S_m	126.2	146.7	123.3	163.6	191.5	148.8	220.5	205.9	196.2	179.4	148.4	147.0
K_t	0.405	0.386	0.377	0.374	0.383	0.366	0.461	0.482	0.394	0.429	0.435	0.420

注：T_a——月平均室外气温，℃；

H_t——水平面太阳总辐射月平均日辐照量，MJ/（m²·d）；

H_d——水平面太阳散射辐射月平均日辐照量，MJ/（m²·d）；

H_b——水平面太阳直射辐射月平均日辐照量，MJ/（m²·d）；

H——倾角等于当地纬度倾斜表面上的太阳总辐射月平均日辐照量，MJ/（m²·d）；

H_O——大气层上界面上太阳总辐射月平均日辐照量，MJ/（m²·d）；

S_m——月日照小时数；

K_t——大气晴朗指数。

项目名称	上海村镇典型住宅太阳能设计	图号	暖-051
图　名	上海地区设计用气象参数	页次	054

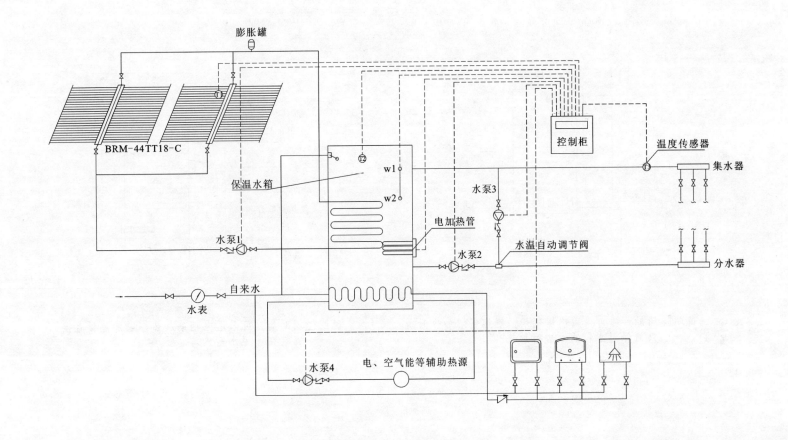

膨胀罐

BRM-44TT18-C

控制柜

温度传感器

集水器

保温水箱

w1

w2

水泵3

电加热管

水温自动调节阀

水泵2

分水器

水泵1

自来水

水表

水泵4

电、空气能等辅助热源

项目名称	上海村镇典型住宅太阳能设计	图号	暖-052
图　名	太阳能系统运行原理图	页次	055

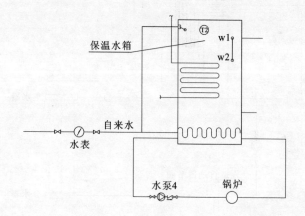

保温水箱

自来水

水表

水泵4   锅炉

说明：辅助加热可采用燃煤锅炉，燃煤锅炉加热时
只对保温水箱的水进行加热。

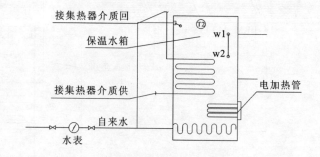

接集热器介质回

保温水箱

接集热器介质供

自来水

水表

电加热管

说明：辅助加热可采用电辅助加热，电加热管直接
安装在保温水箱内。

项目名称	上海村镇典型住宅太阳能设计	图号	暖-053
图　名	辅助加热设计	页次	056

主要设备器材表

序号	名　　称	型　号　及　规　格	单　位	数　量	备　注
1	集热器	BRM－44TT18－C	个	7	
2	保温水箱	$L \times B \times H = 1000mm \times 1000mm \times 2000mm$	个	1	
3	集热循环水泵	流量：1.5t/h　功率：90W　扬程：3.5m	台	1	
4	辅助加热循环泵	流量：1.5t/h　功率：46W　扬程：3m	台	1	
5	供暖循环泵	流量：6t/h　功率：330W　扬程：15m	台	1	
6	过热保护循环泵	流量：2.5t/h　功率：93W　扬程：6m	台	1	
7	控制柜	BRM－4	台	1	
8	膨胀罐		套	1	
9	换热盘管		套	1	
10	辅助电加热	9kW	套	1	
11	分水器		套	1	
12	集水器		套	1	
13	锅炉		套	1	

项目名称	上海村镇典型住宅太阳能设计	图号	暖－054
图　名	主要设备器材表	页次	057

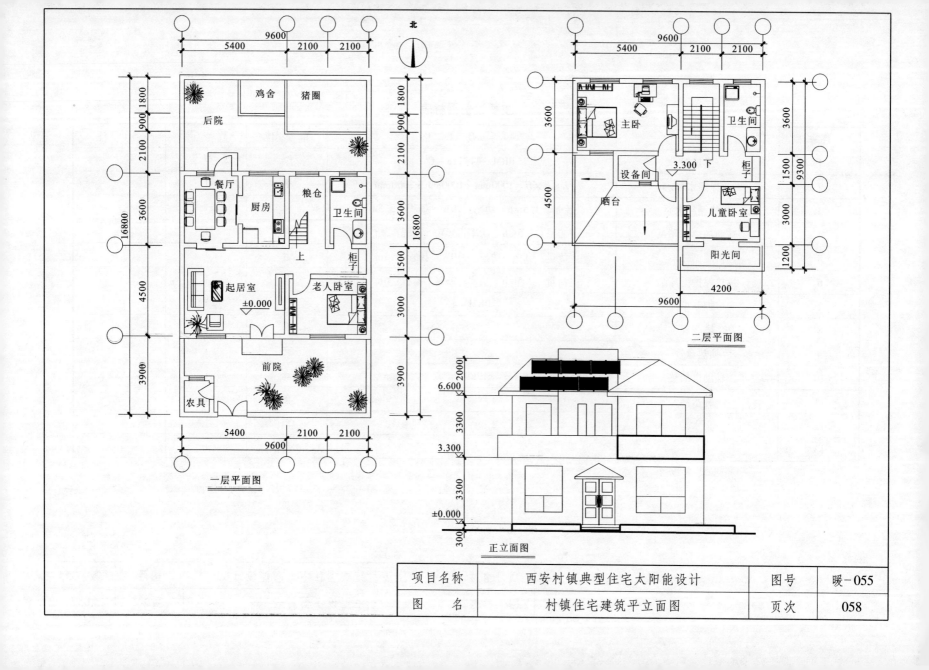

一层平面图

北

鸡舍 | 猪圈
后院
餐厅
厨房 | 粮仓
卫生间
上
柜子
起居室
±0.000
老人卧室
前院
农具

9600 / 5400 / 2100 / 2100
1800 / 900 / 2100 / 3600 / 1500 / 3000 / 3900
16800

二层平面图

主卧 | 卫生间
设备间 | 3.300 下 | 柜子
晒台
儿童卧室
阳光间

9600 / 5400 / 2100 / 2100
3600 / 1500 / 3000 / 1200
9300
4200

正立面图

6.600
3.300
±0.000
2000 / 3300 / 3300 / 300

项目名称	西安村镇典型住宅太阳能设计	图号	暖-055
图　名	村镇住宅建筑平立面图	页次	058

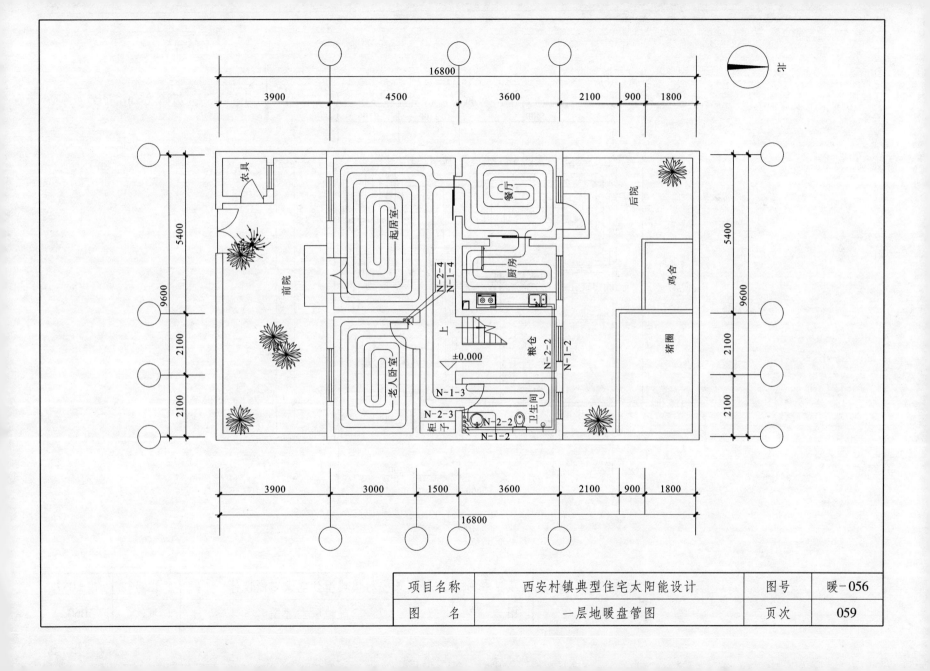

项目名称	西安村镇典型住宅太阳能设计	图号	暖-056
图名	一层地暖盘管图	页次	059

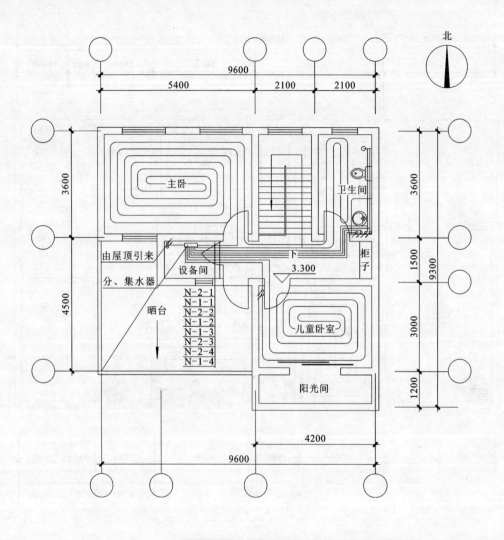

北

9600
5400   2100   2100

3600

由屋顶引来

分、集水器

N-2-1
N-1-1
N-2-2
N-1-2
N-1-3
N-2-3
N-2-4
N-1-4

设备间

晒台

主卧

卫生间

柜子

下
3.300

儿童卧室

阳光间

3600

1500

9300

3000

1200

4500

4200

9600

项目名称	西安村镇典型住宅太阳能设计	图号	暖-057
图　名	二层地暖盘管图	页次	060

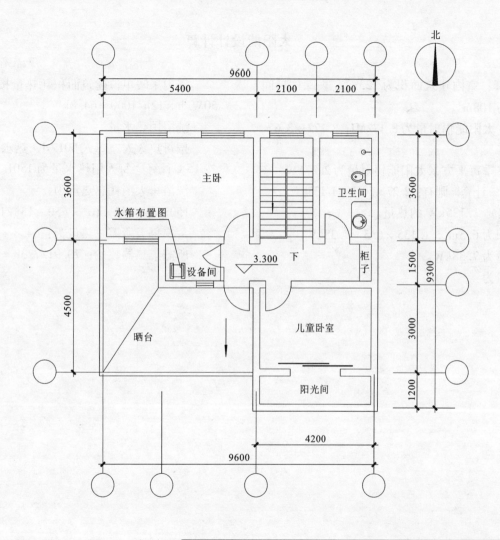

项目名称	西安村镇典型住宅太阳能设计	图号	暖-058
图　名	水箱间布置图	页次	061

太阳能设计计算

1. 室内取暖面积计算：室内建筑面积为 $123m^2$，去除楼梯间的面积，室内采暖面积为 $108m^2$。

2. 西安地区冬季月均太阳能辐射量为 8.172MJ；$8.172 \div 3.6 = 2.27kW$。

经计算，西安地区冬季每平方米太阳能辐射量为 2.27kW。

每平方米集热器按 50% 计算，则有：$2.27 \times 50\% = 1.135kW$。

则每平方米集热器可产 1.135kW 的热量。

每组集热器集热面积为 $6.5m^2$，$1.135 \times 6.5 = 7.38kW$。

每组集热器可产热量为 7.38kW。

取暖每天消耗总热量为：

室内采暖单位建筑面积耗热量按 $50W/h$ 计算，$108m^2 \times 50W/h \times 12h/1000 = 64.8kW$。

洗浴用热水量：

按每户 3 人，每人 50L/d，热水温度按 50℃，冷水温度按 15℃ 计算，每天用热水量为 150L。

洗浴每天消耗总热量为：

$150L \times 4.187 \times 10^3 \times (50-15)/1000/3600 = 6.11kW$。

每户每天所需总热量为：$64.8 + 6.11 = 70.91kW$。

所需集热器数量：$70.91/7.38 = 10$ 组。

项目名称	西安村镇典型住宅太阳能设计	图号	暖-059
图　名	太阳能设计计算	页次	062

西安地区设计用气象参数

西安				纬度 34°18′，经度 108°56′，高度 397.5m							
月份	1	2	3	4	5	6	7	8	9	10	11	12
T_a	-1.0	2.1	8.1	14.1	19.1	25.2	26.6	25.5	19.4	13.7	6.6	0.7
H_t	7.884	9.513	11.796	14.359	16.756	19.363	18.232	18.213	11.816	9.822	8.075	7.214
H_d	4.585	5.734	7.352	8.743	9.011	9.315	8.573	7.628	6.137	5.201	4.527	4.199
H_b	3.299	3.823	4.454	5.616	7.744	10.048	9.659	10.593	5.686	4.643	3.548	3.021
H	10.605	11.541	12.612	13.928	15.209	16.980	16.167	17.345	12.458	11.693	10.587	10.200
H_O	18.788	23.546	29.987	36.054	41.010	41.504	40.600	37.321	31.874	25.333	19.795	17.260
S_m	105.3	107.5	125.5	153.8	178.1	192.0	198.7	202.3	132.0	115.7	102.8	97.4
K_t	0.420	0.404	0.393	0.398	0.419	0.466	0.449	0.488	0.371	0.388	0.408	0.418

注：T_a——月平均室外气温，℃；

H_t——水平面太阳总辐射月平均日辐照量，MJ／（$m^2 \cdot d$）；

H_d——水平面太阳散射辐射月平均日辐照量，MJ／（$m^2 \cdot d$）；

H_b——水平面太阳直射辐射月平均日辐照量，MJ／（$m^2 \cdot d$）；

H——倾角等于当地纬度倾斜表面上的太阳总辐射月平均日辐照量，MJ／（$m^2 \cdot d$）；

H_O——大气层上界面上太阳总辐射月平均日辐照量，MJ／（$m^2 \cdot d$）；

S_m——月日照小时数；

K_t——大气晴朗指数。

项目名称	西安村镇典型住宅太阳能设计	图号	暖-060
图 名	西安地区设计用气象参数	页次	063

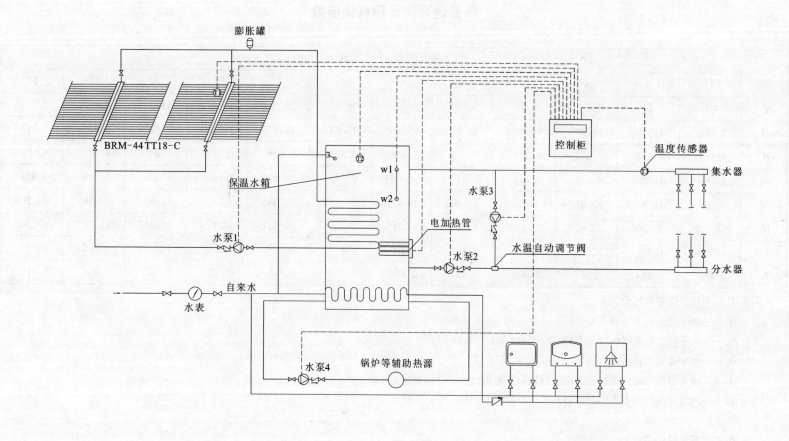

膨胀罐

BRM-44TT18-C

保温水箱

控制柜

温度传感器

集水器

电加热管

水温自动调节阀

分水器

水泵1

水泵2

水泵3

自来水

水表

水泵4

锅炉等辅助热源

w1

w2

项目名称	西安村镇典型住宅太阳能设计	图号	暖-061
图　名	太阳能系统运行原理图	页次	064

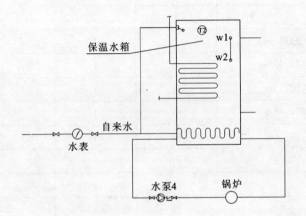

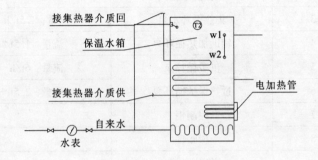

说明：辅助加热可采用燃煤锅炉，燃煤锅炉加热时
只对保温水箱的水进行加热。

说明：辅助加热可采用电辅助加热，电加热管直接
安装在保温水箱内。

项目名称	西安村镇典型住宅太阳能设计	图号	暖-062
图　名	辅助加热设计	页次	065

主要设备器材表

序号	名 称	型 号 及 规 格	单 位	数 量	备 注
1	集热器	BRM－44TT18－C	个	7	
2	保温水箱	$L \times B \times H = 1000\,mm \times 1000\,mm \times 2000\,mm$	个	1	
3	集热循环水泵	流量：1.5t/h 功率：90W 扬程：3.5m	台	1	
4	辅助加热循环泵	流量：1.5t/h 功率：46W 扬程：3m	台	1	
5	供暖循环泵	流量：6t/h 功率：330W 扬程：15m	台	1	
6	过热保护循环泵	流量：2.5t/h 功率：93W 扬程：6m	台	1	
7	控制柜	BRM－4	台	1	
8	膨胀罐		套	1	
9	换热盘管		套	1	
10	辅助电加热	9kW	套	1	
11	分水器		套	1	
12	集水器		套	1	
13	锅炉		套	1	

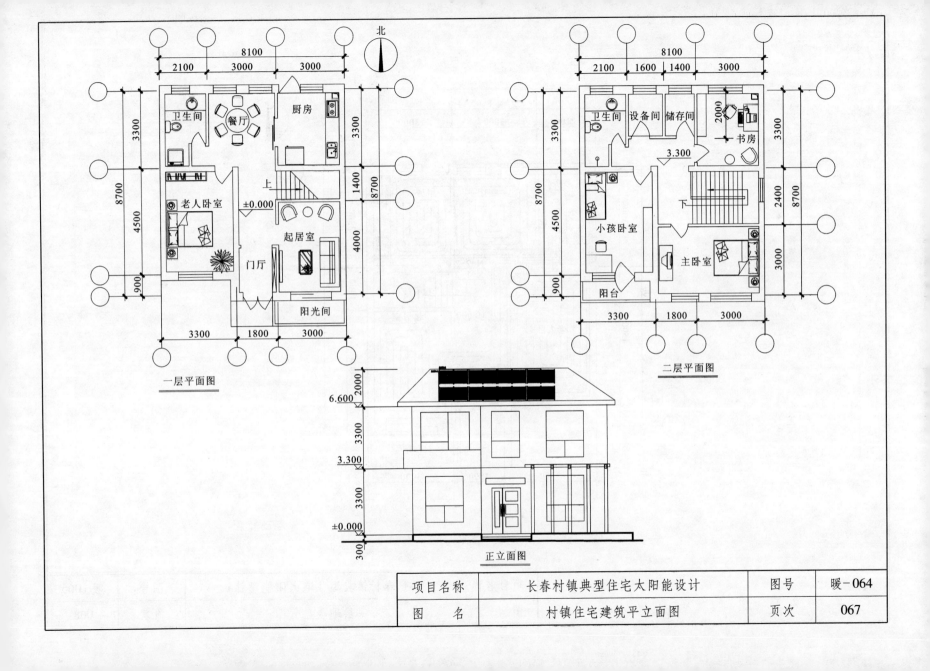

一层平面图

二层平面图

正立面图

项目名称	长春村镇典型住宅太阳能设计	图号	暖-064
图 名	村镇住宅建筑平立面图	页次	067

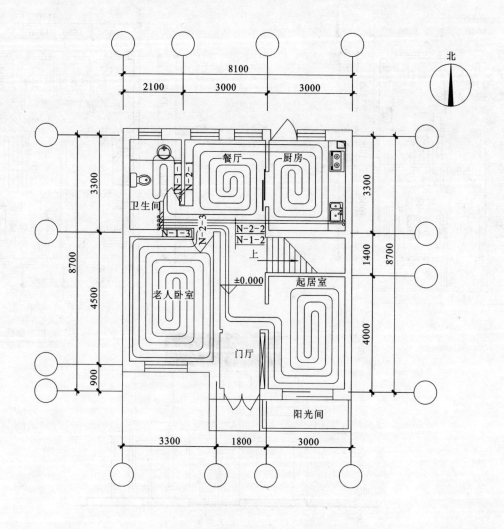

北

项目名称	长春村镇典型住宅太阳能设计	图号	暖-065
图　名	一层地暖盘管图	页次	068

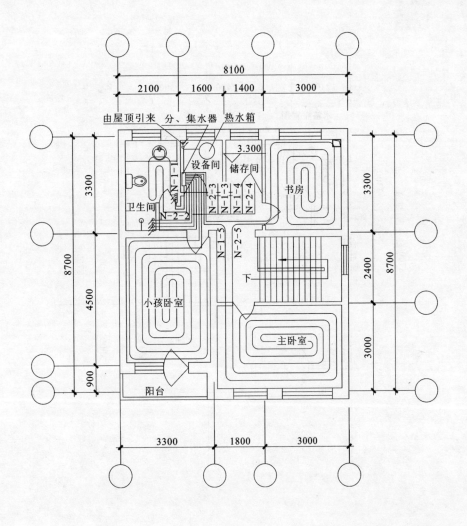

项目名称	长春村镇典型住宅太阳能设计	图号	暖-066
图　名	二层地暖盘管图	页次	069

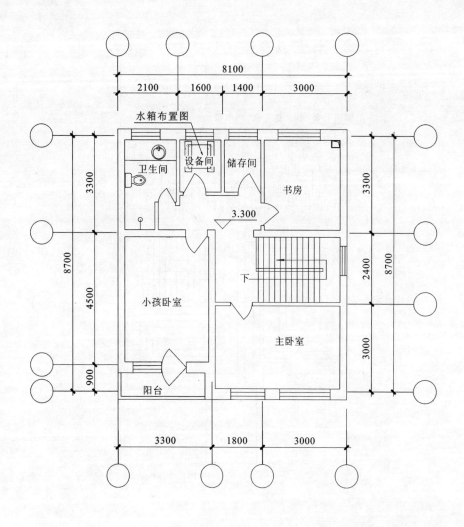

| 项目名称 | 长春村镇典型住宅太阳能设计 | 图号 | 暖-067 |
| 图　名 | 水箱间布置图 | 页次 | 070 |

太阳能设计计算

1. 室内采暖面积计算：室内建筑面积为 140m²，去掉楼梯间及走廊的面积，室内采暖面积为 100m²。

2. 长春地区冬季月均太阳能辐射量为 9.4MJ；9.4÷3.6 = 2.6kW。

经计算，长春地区冬季每平方米太阳能辐射量为 2.6kW。

每平方米集热器按 50% 计算，则有：2.6×50% = 1.3kW。

则每平方米集热器可产 1.3kW 的热量。

每组集热器集热面积为 6.5m²，1.3×6.5 = 8.45kW。

每组集热器可产热量为 8.45kW。

采暖每天消耗总热量为：

室内采暖单位建筑面积耗热量按 60W 计算，100m² × 60W × 12/1000 = 72kW。

洗浴用热水量：

按每户 5 人，每人 30L/d，热水温度按 50℃，冷水温度按 10℃ 计算，每天用热水量为 150L。

洗浴每天消耗总热量为：

150L × 4.187 × (50 − 10)/3600 = 7kW。

每户每天所需总热量为：72 + 7 = 79kW。

所需集热器数量：79/8.45 = 9 组。

项目名称	长春村镇典型住宅太阳能设计	图号	暖-068
图　名	太阳能设计计算	页次	071

长春地区设计用气象参数

长春		纬度43°54′，经度125°13′，高度236.8m									
月份	1	2	3	4	5	6	7	8	9	10	11	12
T_Q	−16.4	−12.7	−3.5	6.7	15.0	20.1	23.0	21.3	15.0	6.8	−3.8	−12.8
H_t	7.558	10.911	14.762	17.265	19.527	19.855	17.032	15.936	15.202	11.004	7.623	6.112
H_d	2.980	4.172	5.558	7.310	8.287	8.990	8.492	7.133	5.392	3.916	2.890	2.543
H_b	4.578	6.739	9.026	9.955	11.276	10.829	8.540	8.804	9.810	7.088	4.734	3.569
H	14.890	17.342	18.683	17.707	17.340	16.863	14.761	15.255	17.995	16.753	13.985	13.166
H_O	12.891	18.071	25.662	33.564	39.329	41.753	40.420	35.556	28.215	20.229	14.016	11.326
S_m	195.5	202.5	247.8	249.8	270.3	256.1	227.6	242.9	243.1	222.1	180.9	170.6
K_t	0.586	0.604	0.575	0.514	0.497	0.476	0.421	0.448	0.539	0.544	0.544	0.540

注：T_Q——月平均室外气温，℃；

H_t——水平面太阳总辐射月平均日辐照量，MJ/（$m^2 \cdot d$）；

H_d——水平面太阳散射辐射月平均日辐照量，MJ/（$m^2 \cdot d$）；

H_b——水平面太阳直射辐射月平均日辐照量，MJ/（$m^2 \cdot d$）；

H——倾角等于当地纬度倾斜表面上的太阳总辐射月平均日辐照量，MJ/（$m^2 \cdot d$）；

H_O——大气层上界面上太阳总辐射月平均日辐照量，MJ/（$m^2 \cdot d$）；

S_m——月日照小时数；

K_t——大气晴朗指数。

项目名称	长春村镇典型住宅太阳能设计		图号	暖−069
图　名	长春地区设计用气象参数		页次	072

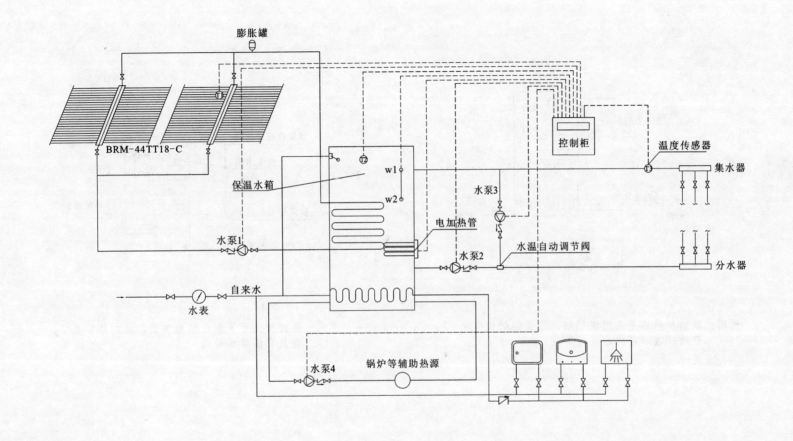

膨胀罐

BRM-44TT18-C

保温水箱

控制柜

温度传感器

集水器

水泵1

水泵3

电加热管

水泵2

水温自动调节阀

分水器

自来水

水表

水泵4

锅炉等辅助热源

w1

w2

项目名称	长春村镇典型住宅太阳能设计	图号	暖-070
图　名	太阳能系统运行原理图	页次	073

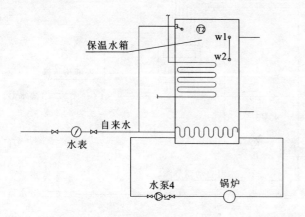

保温水箱

w1
w2

自来水

水表

水泵4   锅炉

说明：辅助加热可采用燃煤锅炉，燃煤锅炉加热时
　　　只对保温水箱的水进行加热。

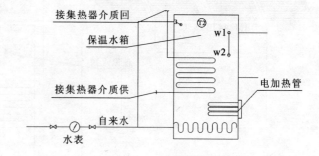

接集热器介质回

保温水箱

接集热器介质供

自来水

水表

w1
w2

电加热管

说明：辅助加热可采用电辅助加热，电加热管直接
　　　安装在保温水箱内。

项目名称	长春村镇典型住宅太阳能设计	图号	暖-071
图　名	辅助加热设计	页次	074

主要设备器材表

序号	名 称	型 号 及 规 格	单 位	数 量	备 注
1	集热器	BRM－44TT18－C	个	7	
2	保温水箱	$L \times B \times H = 1000\text{mm} \times 1000\text{mm} \times 2000\text{mm}$	个	1	
3	集热循环水泵	流量：1.5t/h 功率：90W 扬程：3.5m	台	1	
4	辅助加热循环泵	流量：1.5t/h 功率：46W 扬程：3m	台	1	
5	供暖循环泵	流量：6t/h 功率：330W 扬程：15m	台	1	
6	过热保护循环泵	流量：2.5t/h 功率：93W 扬程：6m	台	1	
7	控制柜	BRM－4	台	1	
8	膨胀罐		套	1	
9	换热盘管		套	1	
10	辅助电加热	9kW	套	1	
11	分水器		套	1	
12	集水器		套	1	
13	锅炉		套	1	

项目名称	长春村镇典型住宅太阳能设计	图号	暖－072
图 名	主要设备器材表	页次	075

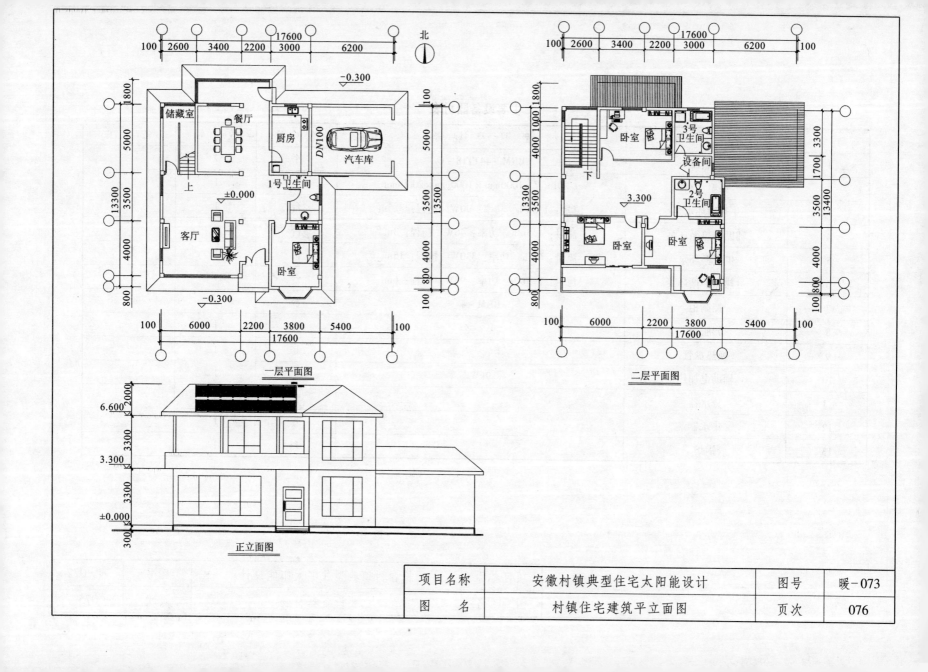

一层平面图

储藏室
餐厅
厨房
汽车库
客厅
1号卫生间
卧室
±0.000
−0.300
−0.300
DN100
上
北

17600
100 2600 3400 2200 3000 6200
1800
5000
13300
3500
4000
800
100 6000 2200 3800 5400 100
17600
100
5000
3500
13500
4000
800
100

二层平面图

卧室
3号卫生间
设备间
2号卫生间
卧室
卧室
3.300
下

17600
100 2600 3400 2200 3000 6200 100
1800
1000
4000
13300
3500
4000
800
100 6000 2200 3800 5400 100
17600
3300
1700
13400
3500
4000
100 800

正立面图

6.600
3.300
±0.000
2000
3300
3300
300

项目名称	安徽村镇典型住宅太阳能设计	图号	暖−073
图　名	村镇住宅建筑平立面图	页次	076

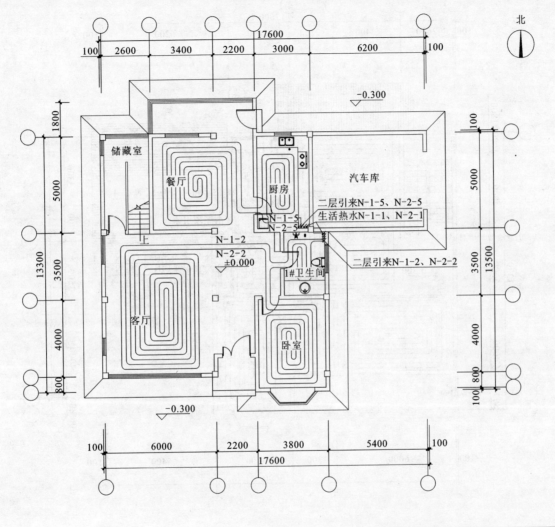

北

项目名称	安徽村镇典型住宅太阳能设计	图号	暖-074
图 名	一层地暖盘管图	页次	077

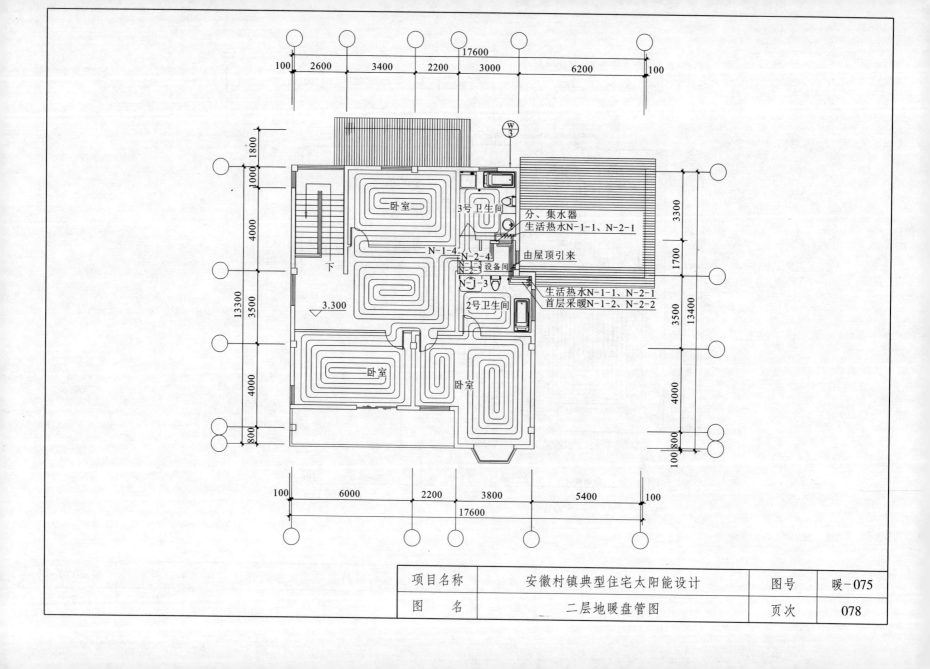

项目名称	安徽村镇典型住宅太阳能设计	图号	暖-075
图　名	二层地暖盘管图	页次	078

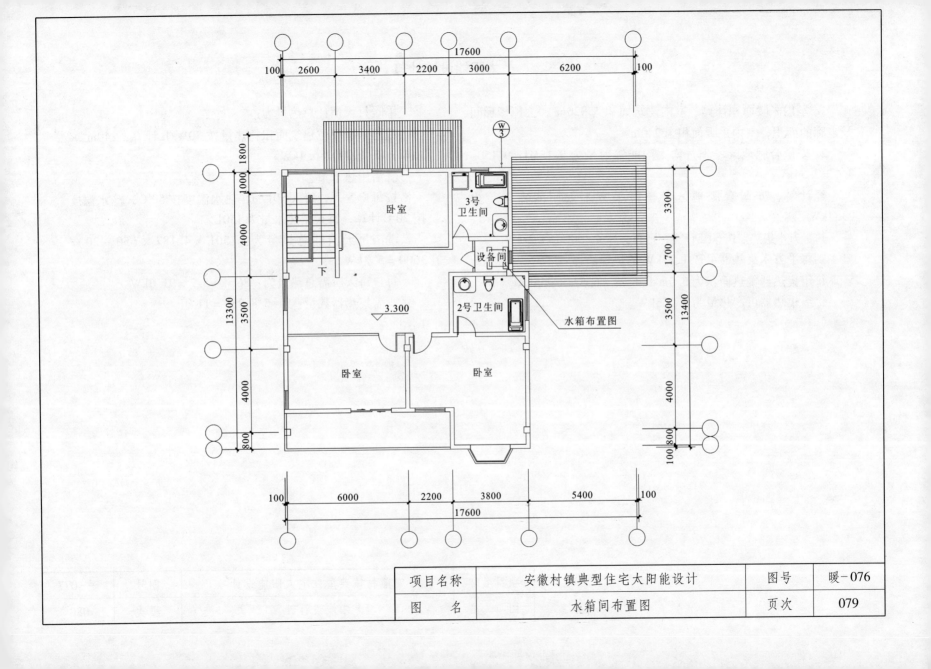

项目名称	安徽村镇典型住宅太阳能设计	图号	暖-076
图 名	水箱间布置图	页次	079

太阳能设计计算

1. 室内采暖面积计算：室内建筑面积为 $320m^2$，去掉楼梯间及走廊的面积，室内采暖面积为 $240m^2$。

2. 安徽合肥地区冬季月均太阳能辐射量为 9.15MJ；9.15 ÷ 3.6 = 2.54kW。

经计算，安徽合肥地区冬季每平方米太阳能辐射量为 2.54kW。

每平方米集热器按50%计算，则有：$2.54 \times 50\% = 1.27kW$。

则每平方米集热器可产 1.27kW 的热量。

每组集热器集热面积为 $6.5m^2$，$1.27 \times 6.5 = 8.255kW$。

每组集热器可产热量为 8.255kW。

采暖每天消耗总热量为：

室内采暖单位建筑面积耗热量按 30W/h 计算，$240m^2 \times 30W \times 12/1000 = 86.4kW$。

洗浴用热水量：

按每户 5 人，每人 30L/d，热水温度按50℃，冷水温度按20℃计算，每天用热水量为150L。

洗浴每天消耗总热量为：$150L \times 4.187 \times (50 - 20)/3600 = 5.2kW$。

每户每天所需总热量为：$86.4 + 5.2 = 91.6kW$。

所需集热器数量：$91.6/8.255 = 11$ 组。

项目名称	安徽村镇典型住宅太阳能设计	图号	暖-077
图　名	太阳能设计计算	页次	080

安徽地区设计用气象参数

	合肥			纬度 31°51′，经度 117°14′，高度 27.9m								
月份	1	2	3	4	5	6	7	8	9	10	11	12
T_Q	2.1	4.2	9.2	15.5	20.6	25	28.3	28	22.9	17	10.6	4.5
H_t	8.107	9.322	11.624	13.423	15.965	17.348	17.18	16.637	12.492	11.45	8.944	7.565
H_d	3.849	4.66	6.151	7.554	8.257	8.618	7.406	7.389	6.225	4.966	4.016	3.494
H_b	4.258	4.656	5.472	5.869	7.708	8.731	9.774	9.248	6.268	6.484	4.928	4.07
H	11.131	11.49	12.63	13.046	14.499	15.293	15.2	15.776	13.097	13.79	12.004	10.927
H_O	20.263	24.862	30.962	36.539	40.042	41.31	40.509	37.623	32.669	26.537	21.227	18.764
S_m	126	119.4	132.7	168.9	194.6	177.2	204	210.3	163.4	167.5	158.3	149
K_t	0.4	0.375	0.375	0.367	0.399	0.42	0.424	0.442	0.382	0.431	0.421	0.403

注：T_Q——月平均室外气温，℃；

H_t——水平面太阳总辐射月平均日辐照量，MJ/（$m^2 \cdot d$）；

H_d——水平面太阳散射辐射月平均日辐照量，MJ/（$m^2 \cdot d$）；

H_b——水平面太阳直射辐射月平均日辐照量，MJ/（$m^2 \cdot d$）；

H——倾角等于当地纬度倾斜表面上的太阳总辐射月平均日辐照量，MJ/（$m^2 \cdot d$）；

H_O——大气层上界面上太阳总辐射月平均日辐照量，MJ/（$m^2 \cdot d$）；

S_m——月日照小时数；

K_t——大气晴朗指数。

项目名称	安徽村镇典型住宅太阳能设计	图号	暖-078
图　名	安徽地区设计用气象参数	页次	081

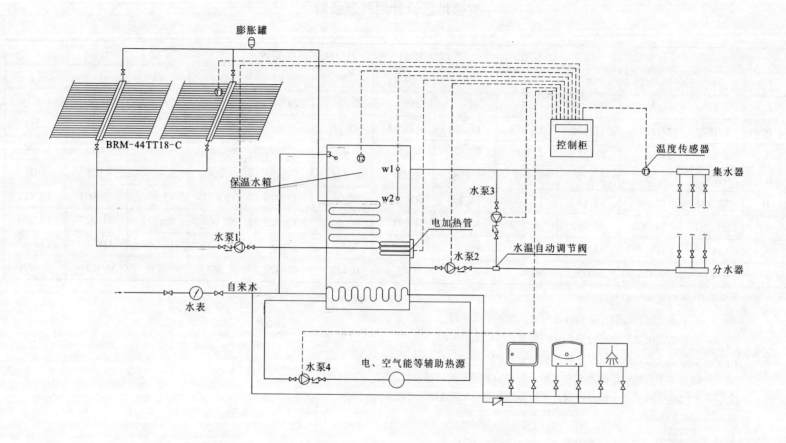

膨胀罐

BRM-44TT18-C

保温水箱

控制柜

温度传感器

集水器

w1
w2

水泵3

电加热管

水温自动调节阀

分水器

水泵1

自来水

水表

水泵2

水泵4

电、空气能等辅助热源

项目名称	安徽村镇典型住宅太阳能设计	图号	暖-079
图 名	太阳能系统运行原理图	页次	082

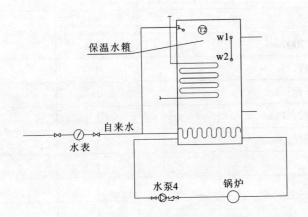

保温水箱

w1
w2

自来水

水表

水泵4　锅炉

说明：辅助加热可采用燃煤锅炉，燃煤锅炉加热时
只对保温水箱的水进行加热。

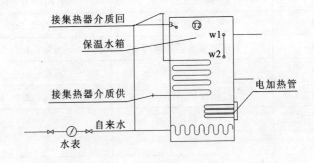

接集热器介质回

保温水箱

w1
w2

接集热器介质供

电加热管

自来水

水表

说明：辅助加热可采用电辅助加热，电加热管直接
安装在保温水箱内。

项目名称	安徽村镇典型住宅太阳能设计	图号	暖－080
图　名	辅助加热设计	页次	083

主要设备器材表

序号	名　　称	型 号 及 规 格	单　位	数　量	备　注
1	集热器	BRM－44TT18－C	个	7	
2	保温水箱	$L \times B \times H = 1000mm \times 1000mm \times 2000mm$	个	1	
3	集热循环水泵	流量：1.5t/h　功率：90W　扬程：3.5m	台	1	
4	辅助加热循环泵	流量：1.5t/h　功率：46W　扬程：3m	台	1	
5	供暖循环泵	流量：6t/h　功率：330W　扬程：15m	台	1	
6	过热保护循环泵	流量：2.5t/h　功率：93W　扬程：6m	台	1	
7	控制柜	BRM－4	台	1	
8	膨胀罐		套	1	
9	换热盘管		套	1	
10	辅助电加热	9kW	套	1	
11	分水器		套	1	
12	集水器		套	1	
13	锅炉		套	1	

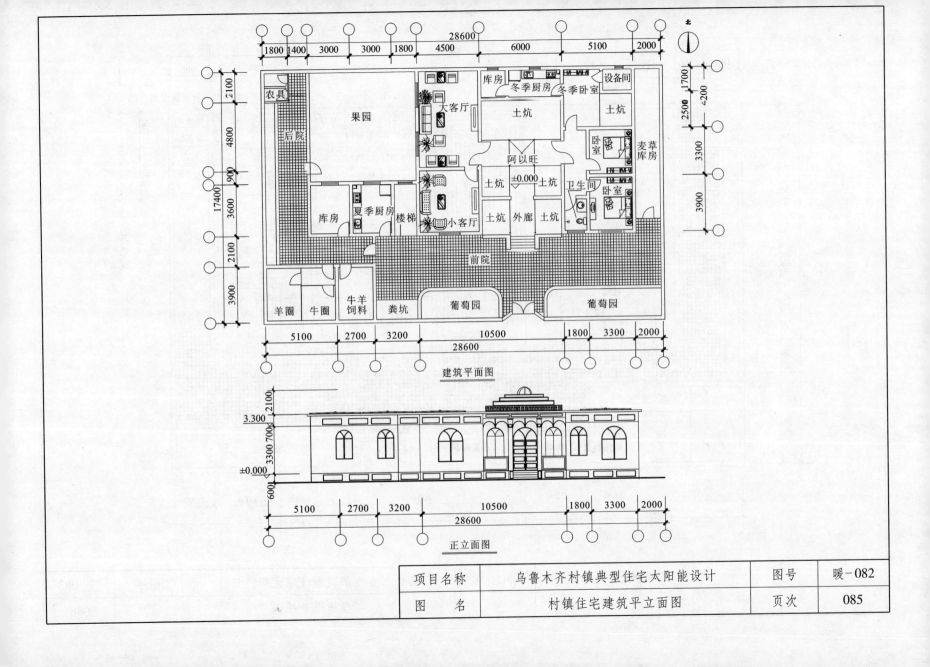

建筑平面图

正立面图

项目名称	乌鲁木齐村镇典型住宅太阳能设计	图号	暖-082
图名	村镇住宅建筑平立面图	页次	085

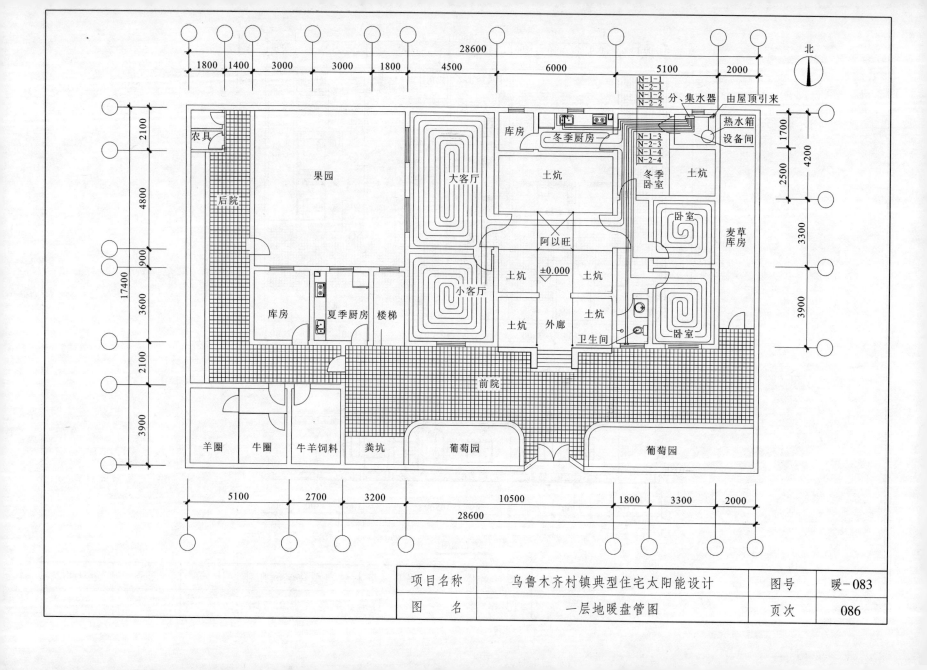

项目名称	乌鲁木齐村镇典型住宅太阳能设计	图号	暖-083
图　名	一层地暖盘管图	页次	086

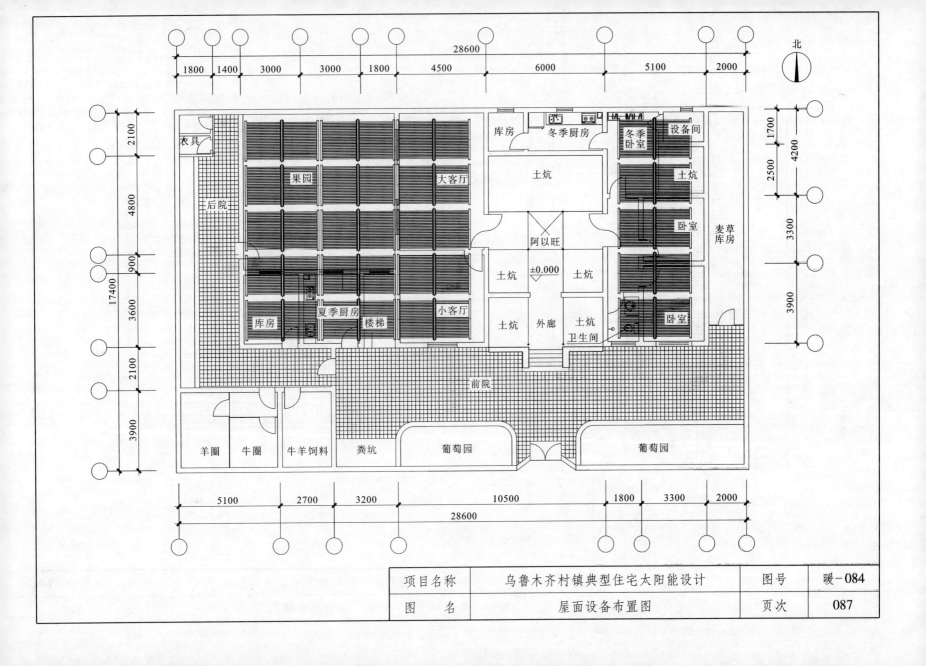

项目名称	乌鲁木齐村镇典型住宅太阳能设计	图号	暖-084
图　名	屋面设备布置图	页次	087

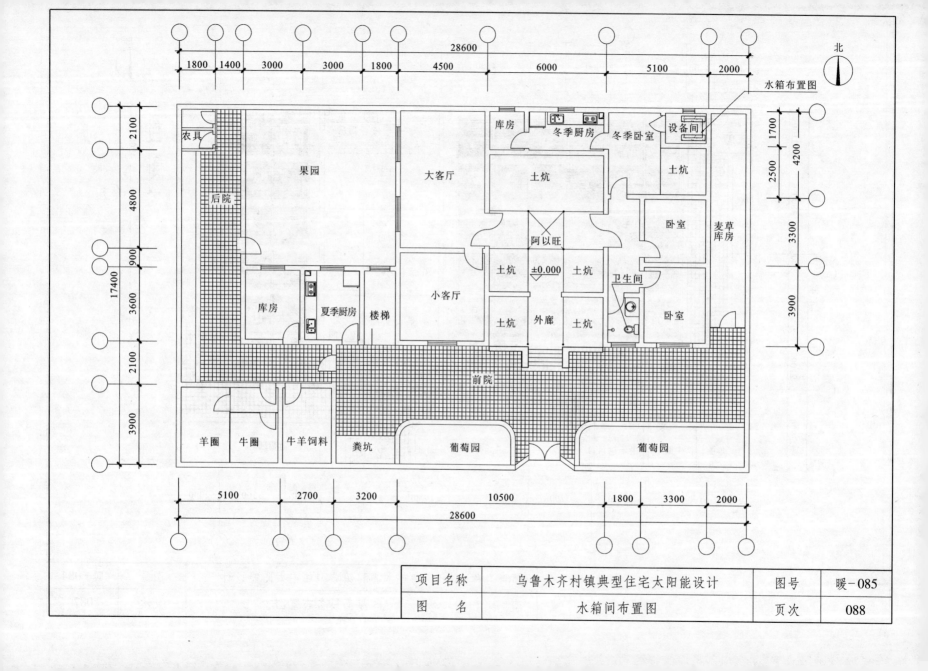

北

水箱布置图

水箱布置图

项目名称	乌鲁木齐村镇典型住宅太阳能设计	图号	暖-085
图　名	水箱间布置图	页次	088

太阳能设计计算

1. 室内采暖面积计算：室内建筑面积为 $171m^2$，去掉土炕及走廊的面积，室内采暖面积为 $112m^2$。

2. 乌鲁木齐地区冬季月均太阳能辐射量为 5.894MJ，$5.894 \div 3.6 = 1.64kW$。

经计算，乌鲁木齐地区冬季每平方米太阳能辐射量为 1.62kW。

每平方米集热器按 50% 计算，则有 $1.64 \times 50\% = 0.82kW$。

则每平方米集热器可产 0.82kW 的热量。

每组集热器集热面积为 $6.5m^2$，$0.82 \times 6.5 = 5.33kW$。

每组集热器可产热量为 5.33kW。

采暖每天消耗总热量为：

室内采暖单位建筑面积耗热量按每平方米 50W/h 计算，$112m^2 \times 60W/h \times 12h/1000 = 80.64kW$。

洗浴用热水量：

按每户 3 人，每人 50L/d，热水温度按 50℃，冷水温度按 12℃ 计算，每天用热水量为 150L。

洗浴每天消耗总热量为：$150L \times 4.187 \times 10^3 \times (50 - 12)/1000/3600 = 6.63kW$。

每户每天所需总热量为：$80.64 + 6.63 = 87.27kW$。

所需集热器数量：$87.27/5.33 = 16$ 组

项目名称	乌鲁木齐村镇典型住宅太阳能设计	图号	暖-086
图　名	太阳能设计计算	页次	089

乌鲁木齐地区设计用气象参数

乌鲁木齐				纬度43°47′，经度87°37′，高度917.9m							
月份	1	2	3	4	5	6	7	8	9	10	11	12
T_a	-12.6	-9.7	-1.7	9.9	16.7	21.5	23.7	22.4	16.7	7.7	-2.5	-9.3
H_t	5.315	7.984	11.929	17.666	21.371	22.496	22.038	20.262	16.206	11.062	6.104	4.174
H_d	2.895	4.302	5.978	7.511	8.444	8.115	7.336	6.498	5.254	3.962	2.952	2.316
H_b	2.420	3.682	5.951	10.156	12.926	14.382	14.702	13.764	10.952	7.101	3.153	1.858
H	9.010	11.251	14.360	18.101	18.934	18.990	18.926	19.696	19.383	16.772	10.193	17.692
S_m	116.9	141.5	194.5	256.5	295.1	292.7	311.6	309.7	271.5	236.1	140.5	95.5

注：T_a——月平均室外气温，℃；

H_t——水平面太阳总辐射月平均日辐照量，$MJ/(m^2 \cdot d)$；

H_d——水平面太阳散射辐射月平均日辐照量，$MJ/(m^2 \cdot d)$；

H_b——水平面太阳直射辐射月平均日辐照量，$MJ/(m^2 \cdot d)$；

H——倾角等于当地纬度倾斜表面上的太阳总辐射月平均日辐照量，$MJ/(m^2 \cdot d)$；

S_m——月日照小时数。

项目名称	乌鲁木齐村镇典型住宅太阳能设计	图号	暖-087
图　　名	乌鲁木齐地区设计用气象参数	页次	090

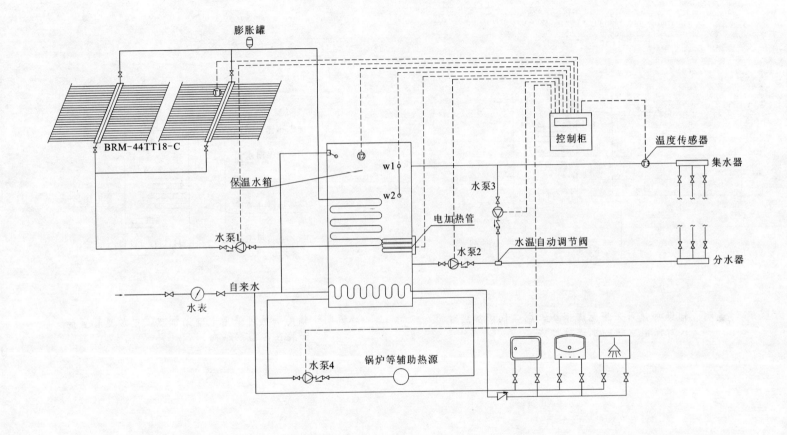

膨胀罐

BRM-44TT18-C

保温水箱

控制柜

温度传感器

集水器

w1

w2

水泵3

电加热管

水泵1

水温自动调节阀

水泵2

分水器

自来水

水表

锅炉等辅助热源

水泵4

项目名称	乌鲁木齐村镇典型住宅太阳能设计	图号	暖-088
图　名	太阳能系统运行原理图	页次	091

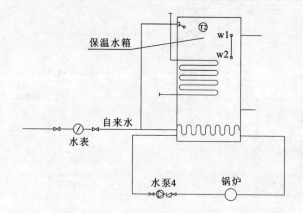

保温水箱

w1
w2

自来水

水表

水泵4   锅炉

说明：辅助加热可采用燃煤锅炉，燃煤锅炉加热时
　　　只对保温水箱的水进行加热。

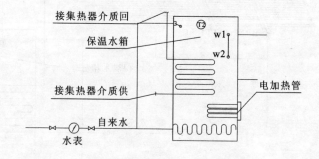

接集热器介质回

保温水箱

w1
w2

接集热器介质供

电加热管

自来水

水表

说明：辅助加热可采用电辅助加热，电加热管直接
　　　安装在保温水箱内。

项目名称	乌鲁木齐村镇典型住宅太阳能设计	图号	暖-089
图　名	辅助加热设计	页次	092

主要设备器材表

序号	名称	型号及规格	单位	数量	备注
1	集热器	BRM-44TT18-C	个	7	
2	保温水箱	$L \times B \times H = 1000mm \times 1000mm \times 2000mm$	个	1	
3	集热循环水泵	流量:1.5t/h 功率:90W 扬程:3.5m	台	1	
4	辅助加热循环泵	流量:1.5t/h 功率:46W 扬程:3m	台	1	
5	供暖循环泵	流量:6t/h 功率:330W 扬程:15m	台	1	
6	过热保护循环泵	流量:2.5t/h 功率:93W 扬程:6m	台	1	
7	控制柜	BRM-4	台	1	
8	膨胀罐		套	1	
9	换热盘管		套	1	
10	辅助电加热	9kW	套	1	
11	分水器		套	1	
12	集水器		套	1	
13	锅炉		套	1	

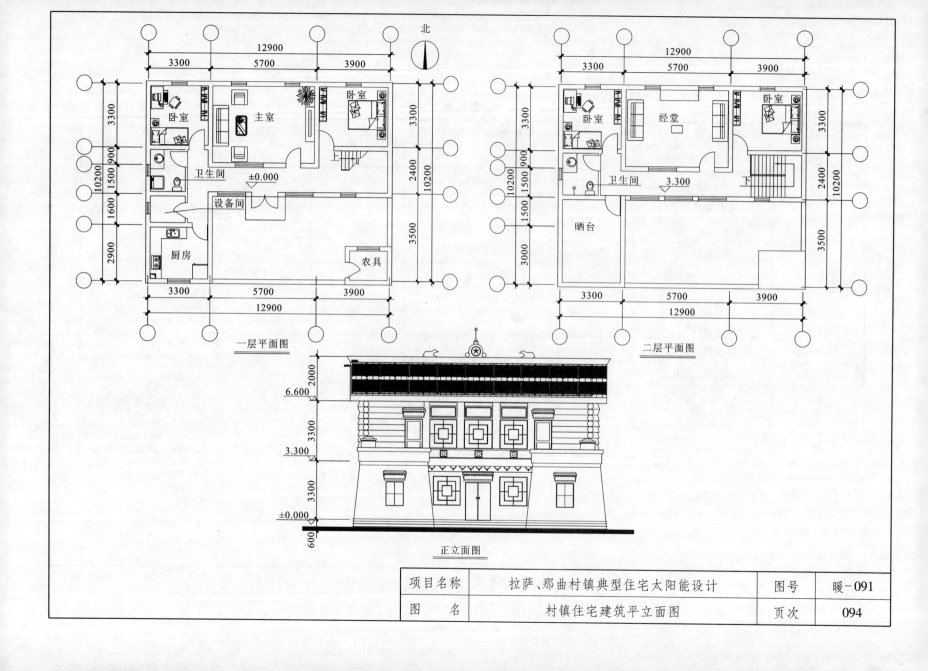

一层平面图

二层平面图

正立面图

项目名称	拉萨、那曲村镇典型住宅太阳能设计	图号	暖-091
图名	村镇住宅建筑平立面图	页次	094

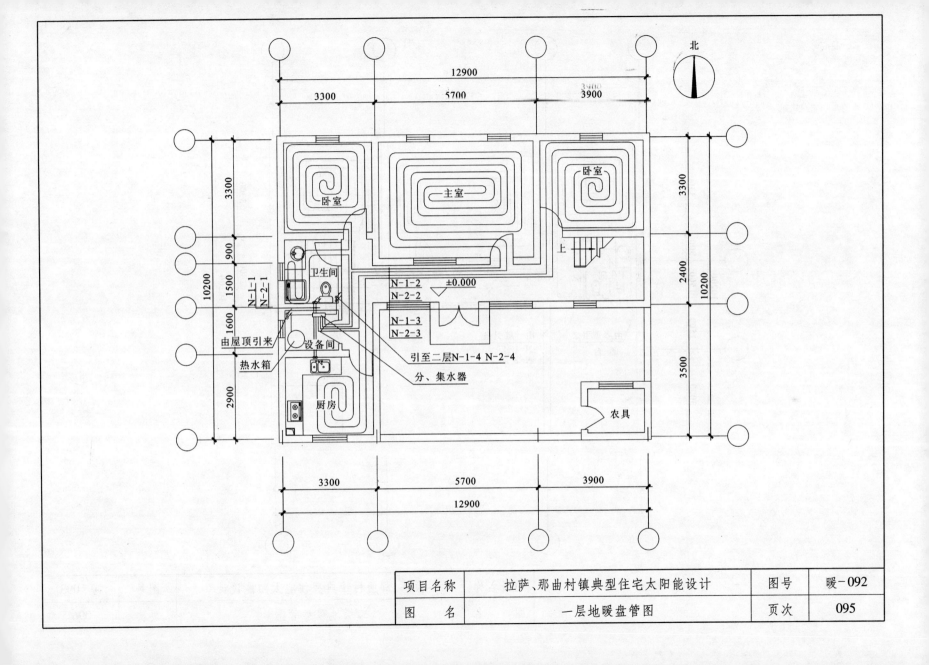

北

12900

3300 5700 3900

3900

3300

卧室

主室

卧室

上

3300

900

3300

2400

N-1-1
N-2-1

10200

1500

卫生间

N-1-2
N-2-2

±0.000

10200

1600

由屋顶引来

N-1-3
N-2-3

设备间

热水箱

引至二层N-1-4 N-2-4

3500

2900

分、集水器

厨房

农具

3300 5700 3900

12900

项目名称	拉萨、那曲村镇典型住宅太阳能设计	图号	暖-092
图 名	一层地暖盘管图	页次	095

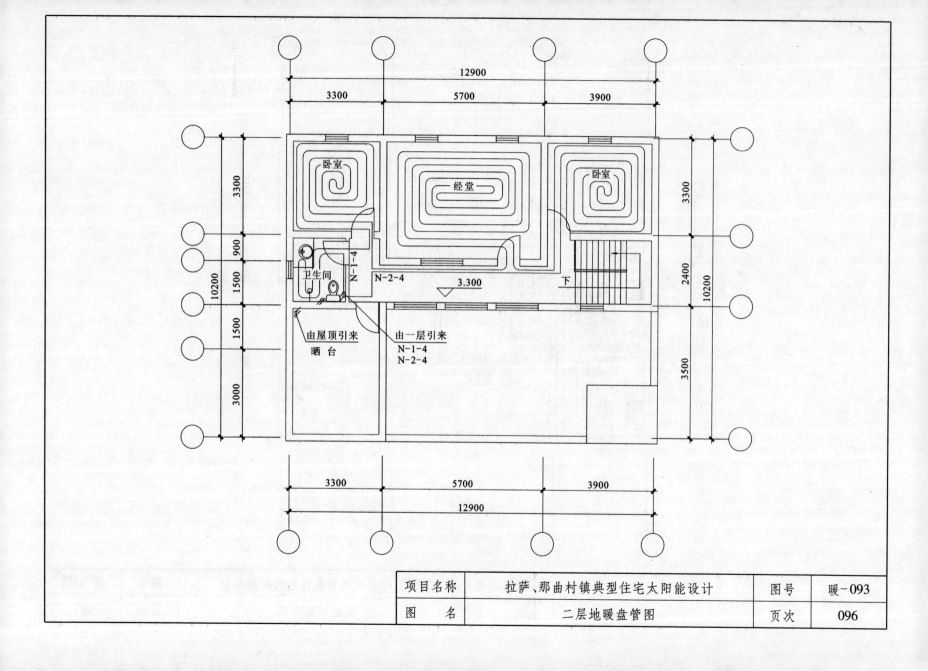

卧室

经堂

卧室

卫生间

N-1-4

N-2-4

3.300

下

由屋顶引来

晒台

由一层引来
N-1-4
N-2-4

12900

3300　　5700　　3900

3300

900

10200

1500

1500

3000

3300

2400

10200

3500

3300　　5700　　3900

12900

项目名称	拉萨、那曲村镇典型住宅太阳能设计	图号	暖-093
图　名	二层地暖盘管图	页次	096

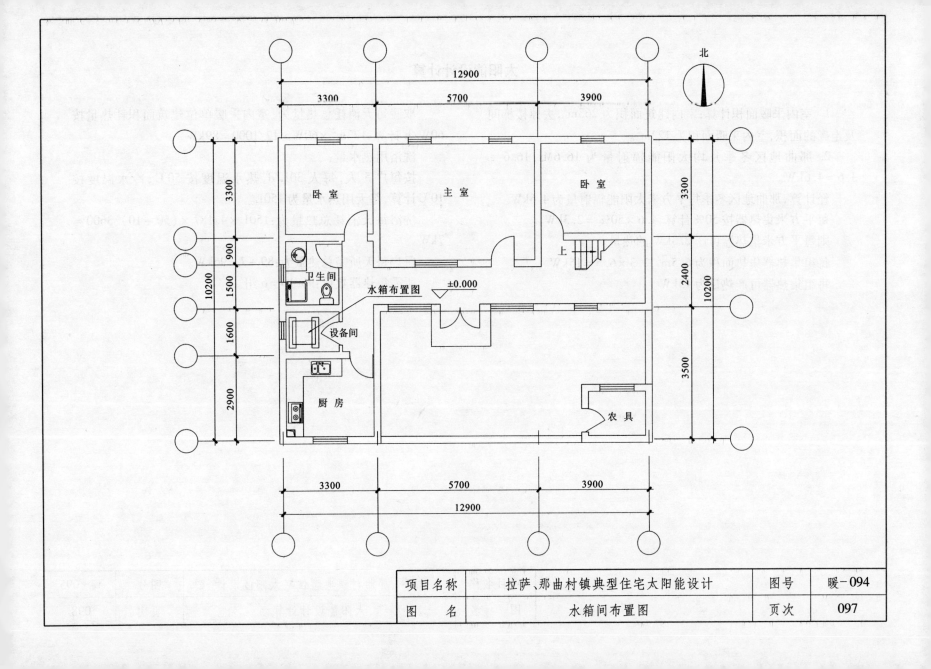

北

卧室

主室

卧室

上

卫生间

水箱布置图

±0.000

设备间

厨房

农 具

3300 5700 3900
12900

3300 5700 3900
12900

3300
900
1500
1600
2900
10200

3300
2400
3500
10200

项目名称	拉萨、那曲村镇典型住宅太阳能设计	图号	暖-094
图　名	水箱间布置图	页次	097

太阳能设计计算

1. 室内采暖面积计算:室内建筑面积为 $263m^2$,去掉楼梯间及走廊的面积,室内采暖面积为 $123m^2$ 。

2. 那曲地区冬季月均太阳能辐射量为 $16.6MJ$,$16.6 ÷ 3.6 = 4.6kW$ 。

经计算,那曲地区冬季每平方米太阳能辐射量为 $4.6kW$ 。

每平方米集热器按 50% 计算,$4.6 × 50\% = 2.3kW$ 。

则每平方米集热器可产 $2.3kW$ 的热量。

每组集热器集热面积为 $6.5m^2$,$2.3 × 6.5 = 15kW$ 。

每组集热器可产热量为 $15kW$ 。

取暖每天消耗总热量为:室内采暖单位建筑面积耗热量按 $60W/h$ 计算,$123m^2 × 60W × 12/1000 = 89kW$

洗浴用热水量:

按每户 5 人,每人 $30L/d$,热水温度按 $50℃$,冷水温度按 $10℃$ 计算,每天用热水量为 $150L$ 。

洗浴每天消耗总热量为:$150L × 4.187 × (50 - 10)/3600 = 7kW$ 。

每户每天所需总热量为:$89 + 7 = 96kW$ 。

所需集热器数量:$96/15 = 6$ 组。

那曲地区设计用气象参数

			那曲		纬度31°29′,经度92°04′,高度4507m							
月份	1	2	3	4	5	6	7	8	9	10	11	12
T_Q	−13.8	−10.6	−6.3	−1.3	3.2	7.2	8.8	8.0	5.2	−1.0	−8.4	−13.2
H_t	14.354	15.701	18.677	20.982	22.442	21.266	20.972	18.997	18.334	17.478	15.571	13.626
H_d	4.722	6.929	9.129	10.791	10.460	9.680	9.820	9.589	8.045	6.103	4.543	4.087
H_b	9.631	8.773	9.548	10.190	11.982	11.586	11.149	9.408	10.288	11.375	11.028	9.539
H	21.215	19.781	20.479	20.450	20.306	18.650	18.638	17.998	19.415	21.626	22.479	21.486
H_O	20.484	25.257	31.104	36.607	40.041	41.275	40.491	37.663	32.784	26.715	21.441	18.990
S_m	236.8	212.3	236.4	250.7	272.5	251.4	235.3	226.8	223.1	259.2	260.4	246.9
K_t	0.701	0.627	0.600	0.573	0.560	0.515	0.518	0.504	0.559	0.654	0.726	0.718

注:T_Q——月平均室外气温,℃;

H_t——水平面太阳总辐射月平均日辐照量,MJ/($m^2 \cdot d$);

H_d——水平面太阳散射辐射月平均日辐照量,MJ/($m^2 \cdot d$);

H_b——水平面太阳直射辐射月平均日辐照量,MJ/($m^2 \cdot d$);

H——倾角等于当地纬度倾斜表面上的太阳总辐射月平均日
辐照量,MJ/($m^2 \cdot d$);

H_O——大气层上界面上太阳总辐射月平均日辐照量,MJ/
($m^2 \cdot d$);

S_m——月日照小时数;

K_t——大气晴朗指数。

项目名称	拉萨、那曲村镇典型住宅太阳能设计	图号	暖−096
图 名	那曲地区设计用气象参数	页次	099

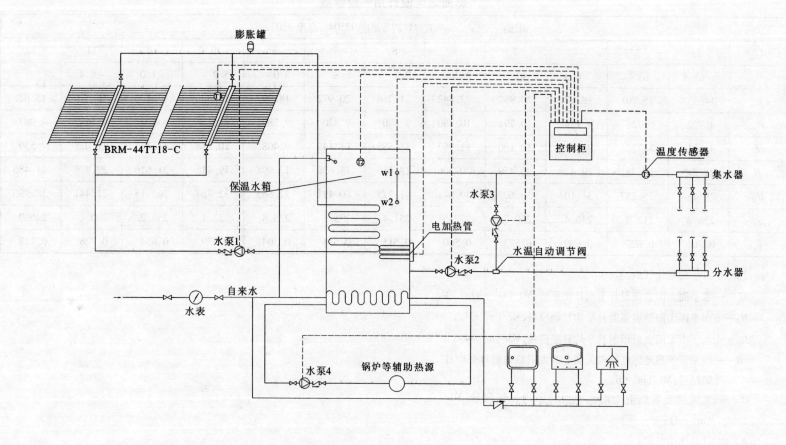

膨胀罐

BRM-44TT18-C

保温水箱

控制柜

温度传感器

集水器

w1
w2

水泵3

电加热管

水泵1

水泵2

水温自动调节阀

分水器

自来水

水表

水泵4

锅炉等辅助热源

项目名称	拉萨、那曲村镇典型住宅太阳能设计	图号	暖-097
图 名	太阳能系统运行原理图	页次	100

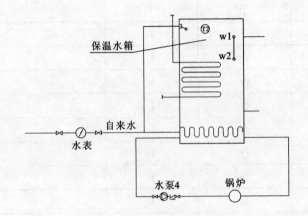

保温水箱

自来水

水表

水泵4　锅炉

说明：辅助加热可采用燃煤锅炉，燃煤锅炉加热时
　　　只对保温水箱的水进行加热。

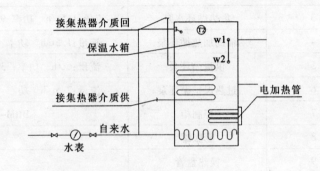

接集热器介质回

保温水箱

接集热器介质供

自来水

水表

电加热管

说明：辅助加热可采用电辅助加热，电加热管直接
　　　安装在保温水箱内。

项目名称	拉萨、那曲村镇典型住宅太阳能设计	图号	暖-098
图　名	辅助加热设计	页次	101

主要设备器材表

序号	名称	型号及规格	单位	数量	备注
1	集热器	BRM-44TT18-C	个	7	
2	保温水箱	$L \times B \times H = 1000mm \times 1000mm \times 2000mm$	个	1	
3	集热循环水泵	流量:1.5t/h 功率:90W 扬程:3.5m	台	1	
4	辅助加热循环泵	流量:1.5t/h 功率:46W 扬程:3m	台	1	
5	供暖循环泵	流量:6t/h 功率:330W 扬程:15m	台	1	
6	过热保护循环泵	流量:2.5t/h 功率:93W 扬程:6m	台	1	
7	控制柜	BRM-4	台	1	
8	膨胀罐		套	1	
9	换热盘管		套	1	
10	辅助电加热	9kW	套	1	
11	分水器		套	1	
12	集水器		套	1	
13	锅炉		套	1	

项目名称	拉萨、那曲村镇典型住宅太阳能设计	图号	暖-099
图　名	主要设备器材表	页次	102

光伏电热泵系统原理说明

光伏电热泵系统运行模式：

本系统包含了光伏集热器、热泵机组、循环冷却保温水箱、承压蓄热水箱、室内空调制冷末端。

本系统设备可为住户提供采暖、空调、生活热水。应用于制冷、采暖均需要的地区较为经济。

循环冷却保温水箱与屋顶光伏集热器之间的循环控制全年均采用温差控制，即当集热器内水温高于循环冷却保温水箱水温的设定值时（一般为 $5\sim10℃$），控制器使循环水泵1自动启动，将水箱内较低温度的水打入集热器，而将集热器内高于水箱温度的热水顶入循环冷却保温水箱；当集热器内水温不高于水箱水温时，控制器使循环水泵1自动停止。在冬季光照条件差的情况下，当集热器内水温低于设定值（一般设置为 $5℃$）时，控制器控制电磁阀1开启，将光伏集热器内的水排空至循环冷却保温水箱，防止系统冻结（见暖-108）。

蓄热水箱供水全年采用承压供水方式，用水端打开后系统自动供水。

系统运行模式分为夏季模式和冬季模式两种。

系统夏季运行模式为：

1. 电动三通阀1、2切换到循环水泵3与循环冷动水箱连接，电动三通阀3、4切换至循环水泵3与室内风机盘管连接，循环水泵3运转将冷水带至室内风机盘管对室风进行降温（见暖-108）。

2. 当循环冷却保温水箱内水温高于设定值（一般在 $30℃$）时，控制器使电磁阀2自动启动，将循环冷却保温水箱内水打出排空，将地下水引入循环冷却保温水箱（见暖-108）。

3. 每日12点至13点，电动三通阀1、2、3、4切换至承压蓄热水箱与热泵机组连接，控制器使地源热泵机组和循环水泵2、3自动启动，对承压蓄热保温水箱进行加热。当蓄热水箱的水温达到 $50℃$ 时或时间达到13点时，控制器使热泵机组停止工作，电动三通阀1、2、3、4切换至循环冷却水箱与室内空调制冷末端管路连接，循环水泵3自动启动将冷水带至室内风机盘管对室内进行降温。

系统冬季运行模式为：

1. 电动三通阀3、4切换至室内空调制冷末端管路，循环水泵3运行转向室内传送热量。

2. 循环水泵2运转将循环冷却保温水箱内的热量带至热泵机组。

3. 当循环冷却保温水箱内水温低于设定值时，（一般在 $5℃$）控制器使电磁阀2自动启动，将循环冷却保温水箱内水打出排空，将地下水引入循环冷却水箱。

4. 每日12点至13点，电动三通阀3、4切换至热泵机组蓄热水箱的散热器连接，控制器使循环水泵3自动启动，对蓄热保温水箱进行加热。当承压蓄热水箱的水温达到 $50℃$ 时或时间达到13点时，控制器使电动三通阀3、4切换至热泵机组与室内空调制冷末端管路连接。

项目名称	村镇住宅太阳能光伏发电设计	图号	暖-100
图　名	光伏电热泵系统原理说明	页次	103

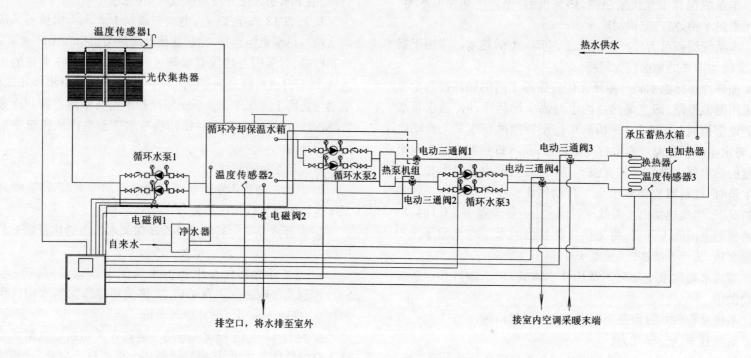

温度传感器1

光伏集热器

热水供水

循环冷却保温水箱

承压蓄热水箱

循环水泵1

温度传感器2

循环水泵2

热泵机组

电动三通阀1

电动三通阀3

电动三通阀4

电加热器

换热器

温度传感器3

电磁阀1

净水器

电动三通阀2

循环水泵3

电磁阀2

自来水

排空口,将水排至室外

接室内空调采暖末端

项目名称	村镇住宅太阳能光伏发电设计	图号	暖－101
图 名	光伏电热泵系统原理图	页次	104

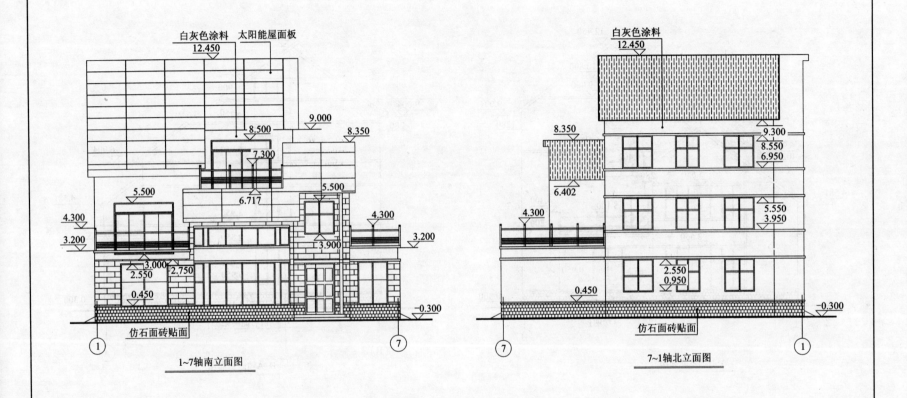

白灰色涂料　太阳能屋面板
12.450

9.000

8.500

8.350

7.300

5.500

6.717

5.500

4.300

4.300

3.200

3.900

3.200

3.000

2.550　2.750

0.450

-0.300

仿石面砖贴面

① ⑦

1~7轴南立面图

白灰色涂料
12.450

9.300

8.550

8.350

6.950

6.402

5.550

4.300

3.950

2.550

0.950

0.450

-0.300

仿石面砖贴面

⑦ ①

7~1轴北立面图

项目名称	村镇住宅太阳能光伏发电设计	图号	暖-102
图 名	南、北立面图	页次	105

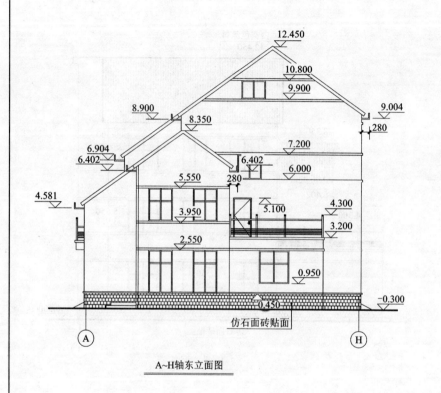

A~H轴东立面图

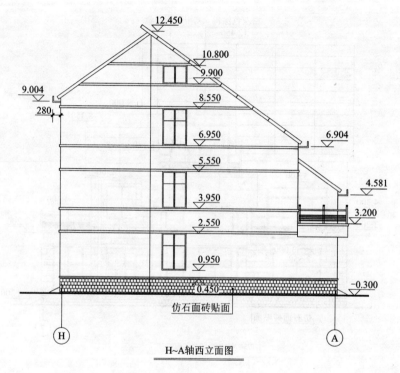

H~A轴西立面图

项目名称	村镇住宅太阳能光伏发电设计	图号	暖-103
图　名	东、西立面图	页次	106

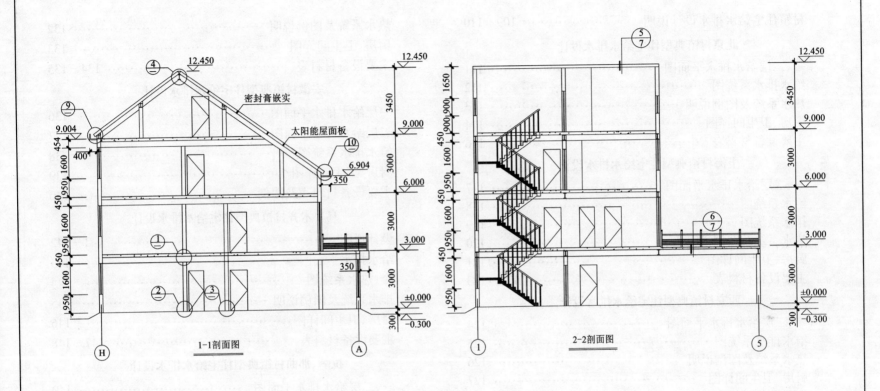

密封膏嵌实

太阳能屋面板

12.450
9.000
6.000
3.000
±0.000
−0.300

9.004

6.904

1-1剖面图

H

A

2-2剖面图

1

5

12.450
9.000
6.000
3.000
±0.000
−0.300

项目名称	村镇住宅太阳能光伏发电设计	图号	暖−104
图 名	建筑物剖面图	页次	107

给水排水设计图纸目录

项目名称	村镇典型住宅给水排水设计	图号	水-001
图　名	给水排水设计图纸目录	页次	108

村镇住宅给水排水设计说明

一、设计依据

1. "十一五"国家科技支撑计划项目"农村住宅规划设计与建设标准研究"课题。
2. 国家有关现行设计规范和规程,省内地方法规。

二、设计范围

本设计包括住宅室内给水排水设计,给水管道以室外水表前的阀门为界,该阀门以内属于室内。

排水管道以室外第一个检查井为界,检查井属于室外;屋面与庭院雨水按无组织排水,通过地面散水坡汇向道路雨水口。

三、工程概况

本工程为北京地区新农村建设中的一种典型二层建筑,建筑高度为6.8 m。

四、冷水系统

1. 水源:本楼给水水源接自外部给水干管;供水压力 $P \geqslant$ 0.2MPa,各户给水引入管 $DN25$。
2. 给水方式:生活用水经小区给水管网直接供水。
3. 室外进水管可根据现场具体情况进行变化。

五、热水系统

1. 水源:本楼卫生间热水供应来自屋顶太阳能热水器的热水管;具体热水系统设备,系统附件、屋顶管网等可根据现场具体情况进行变化,厨房热水供应来自太阳能热水箱,热水箱设在设备房间。
2. 给水方式:生活热水经屋顶热水管网直接重力供水。

六、室内消防系统

1. 本工程为二层普通住宅,故不设室内消火栓系统。
2. 本楼室外消防用水由外部给水管网供给。

七、排水系统

1. 排水立管转弯及排水立管与排出管连接管应采用2个45°弯头或采用斜三通连接。排水三通应采用顺水三通或斜三通配件。
2. 生活污水管道的坡度未注明时为 $i \geqslant 0.026$。
3. 排水地漏的顶面应比净地面低0.01m,地面应有 $i \geqslant 0.01$ 的坡度。
4. 屋面雨落管,阳台雨水排水管由建筑专业设计,不包含在本设计中。

八、卫生器具的选用

卫生间设坐式大便器(不带内置水封),双联混合龙头立式洗脸盆及双管管件淋浴器。卫生洁具详见《国家建筑标准设计(给水排水标准图集)》99S304,卫生器具、给水配件应采用节水型,具有产品合格证,不得使用淘汰产品。若施工中选用了自带存水弯型器具时,则排水支管上存水弯应取消。

项目名称	村镇住宅给水排水设计	图号	水-002
图　名	设计说明(一)	页次	109

九、管材、保温防腐及阀门

1. 冷水管采用钢塑复合管及配件;明设钢塑复合管外刷银粉漆 2 道,灰白调和漆 2 道。埋地钢塑复合管外刷石油沥青涂料 2 道。

2. 热水管采用热水型钢塑复合管及配件;明设钢塑复合管外刷银粉漆 2 道,灰白调和漆 2 道。埋地钢塑复合管外刷石油沥青涂料 2 道。所有管道支、吊架用红丹打底,外刷与管道相同颜色漆 2 道。所有设于室外及布置于架空层的热水管均用橡塑复合隔热保温材料保温,安装详见有关规定及产品说明。

3. 排水管采用优质硬聚氯乙烯管。

4. 厨卫给水管尽量采用嵌在墙内暗装式,若碰到剪力墙建议采用预留 15mm 浅槽,并沿浅槽敷设管道,然后利用其粉刷层及装修面层加以掩饰,敷设在楼板上的给水管利用找平层加以掩饰。

5. 阀门的选用:管径 DN<50 采用钢质截止阀,DN≥50 采用优质闸阀或蝶阀。

6. 灭火器配件详见建施图。

十、管道敷设

1. 阀门及配件需装可拆卸的法兰或螺纹活套,并安装在方便维修、拆卸的位置。管道井或吊架内阀门应配合土建留有检修口。所有管道井内楼板应待管道安装后封堵。给水排水管道与其他专业管道交叉应互相协调。除图纸注明标高外,设于吊顶内管道安装应尽可能紧贴梁底,立管应按规定尺寸靠近墙面或柱边。

2. 立管及水平管支、吊架安装详见《国家建筑标准设计(室内管道支架及吊架)》03S402。所有竖管底部应加支墩或铁架固定,管道穿楼板、梁、外墙等均设套管,其缝隙应填塞严密。管道防水套管安装详见《国家建筑标准设计(防水套管)》02S404。

3. 热水横管均应有与水流方向相反≥0.003 的坡度。

4. 暗装排水竖管上的检查口应设检修门,做法详见土建图。

5. 给水管所注标高指管中心标高,排水管指管底标高,以 m 计,其他尺寸以 mm 计。

6. 钢塑复合管螺纹连接,排水硬聚氯乙烯管采用粘胶接口。

7. 卫生洁具配管安装高度除图中特别注明外均参见国家建筑标准设计给水排水标准图集"卫生设备安装"。

十一、水压试验及竣工验收

1. 施工单位应对所承担的给水、排水安装进行全面水压试验、通水试验和灌水试验等。

2. 对工程质量进行检查。对管道工程质量检查的主要内容包括:管道的平面位置、标高、坡向、管径、管材是否符合设计要求,管道支架、卫生器具位置是否正确,安装是否牢固;阀件、水表、水泵等安装有无漏水现象,卫生器具排水是否通畅,以及管道油漆和保温是否符合设计要求。给水排水工程应按检验批、分项、分部或单位工程验收,按国家有关规范和标准进行验收和质量评定。

3. 室内给水管工作压力为 0.6MPa,试验压力应为工作压力的 1.5 倍。

4. 所有排水管道及卫生洁具等安装应按国家有关规定、标准进行验收。

项目名称	村镇住宅给水排水设计	图号	水-003
图名	设计说明(二)	页次	110

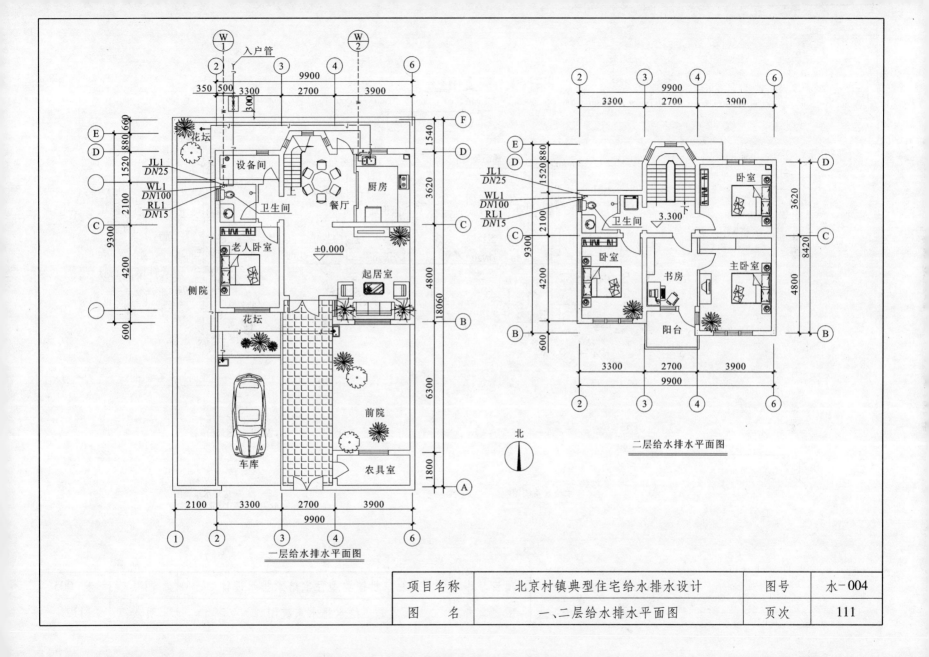

一层给水排水平面图

二层给水排水平面图

北

项目名称	北京村镇典型住宅给水排水设计	图号	水-004
图　名	一、二层给水排水平面图	页次	111

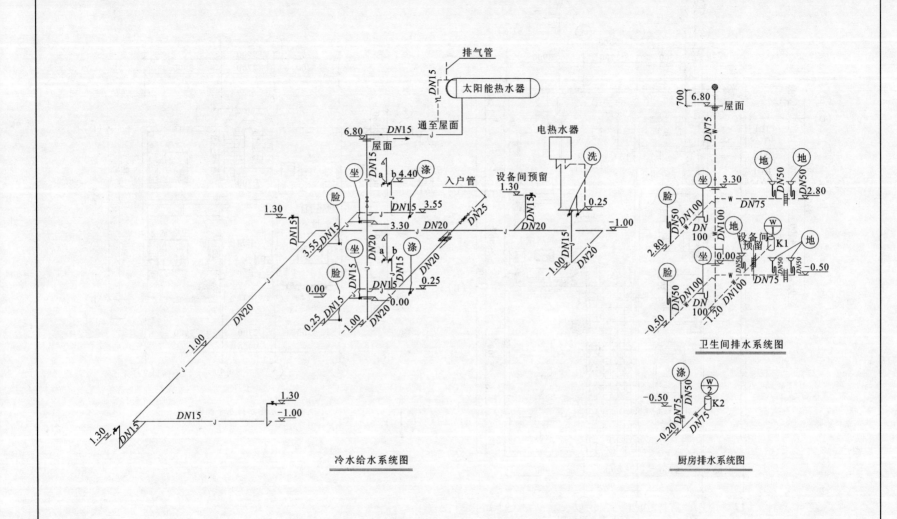

冷水给水系统图

卫生间排水系统图

厨房排水系统图

项目名称	北京村镇典型住宅给水排水设计	图号	水-005
图　名	给水排水系统图	页次	112

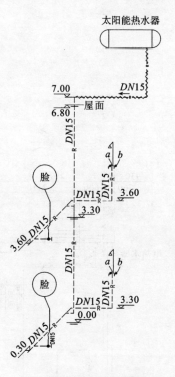

太阳能热水器

卫生间热水给水系统图

说明:
厨房热水供应由电热水器提供,该设备应
根据不同家庭的不同要求选择,具体安装
参照该型号设备的使用说明书,其功率一
般不超过1.5kW。

图例说明

符号	名称
—— J ——	生活给水管
—— R ——	生活热水管
- - - W - - -	污水管
- - YL - -	溢流管
Ⓦ① Ⓦ②	检查井
✦ ⋈	闸阀(或截止阀)
▬	水表
◎	地漏
日	伸缩节
✖ ↑	球形通气帽
⊢	检查口
△	变径管
	坐便器
	厨房洗涤盆
	立式脸盆
→	水龙头

项目名称	北京村镇典型住宅给水排水设计	图号	水-006
图　名	热水系统及图例说明	页次	113

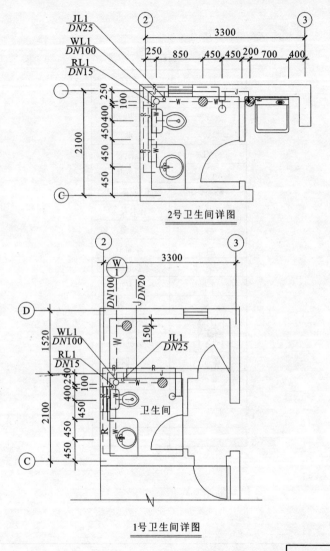

2号卫生间详图

1号卫生间详图

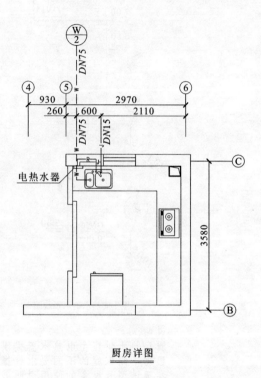

厨房详图

项目名称	北京村镇典型住宅给水排水设计	图号	水-007
图 名	厨房、卫生间详图	页次	114

主要设备材料表

	工程名称				材料表				共 页 第 页	
	工程编号							图号		
	设计阶段							日期		

序号	名称	规格	材质	单位	数量	备注
1	钢塑复合管（热水型）	DN15		米	35	
2	硬聚氯乙烯管	DN100		米	20	
3	硬聚氯乙烯管	DN75		米	15	
4	硬聚氯乙烯管	DN50		米	5	
5	异径管	DN100×75		个	3	
6	异径管	DN75×50		个	3	
7	聚乙烯三通	DN100×100		个	3	
8	聚乙烯三通	DN100×75		个	4	
9	聚乙烯三通	DN75×75		个	4	
10	聚乙烯三通	DN75×50		个	8	
11	90°弯头	DN50		个	4	
12	水龙头			个	4	
13	角阀			个	10	
14	水表			个	1	

项目名称	北京村镇典型住宅给水排水设计	图号	水-008
图 名	主要设备材料表（一）	页次	115

续表

工程名称			材料表			共 页 第 页		
工程编号					图号			
设计阶段					日期			
序号	名称	规格	材质	单位	数量	备注		
15	球形通气帽			个	2			
16	地漏			个	4			
17	坐便器			个	2			
18	厨房洗涤盆			个	1			
19	淋浴器			个	2			
20	立式脸盆			个	2			
21	洗涤盆			个	3			

项目名称	北京村镇典型住宅给水排水设计	图号	水－009
图 名	主要设备材料表(二)	页次	116

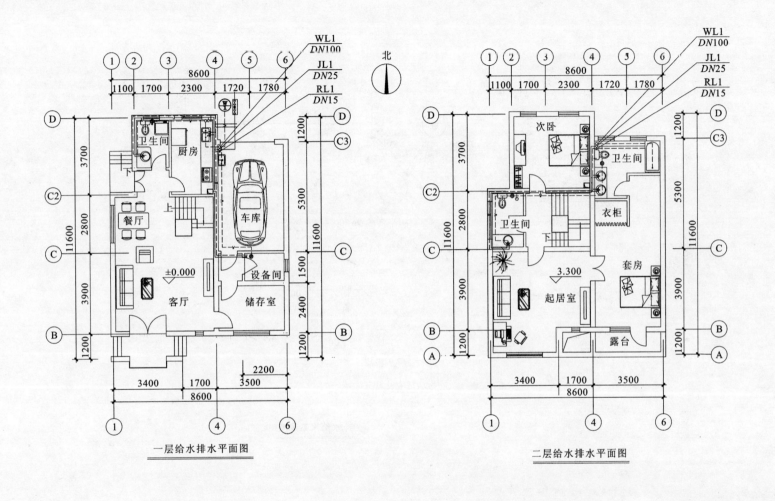

一层给水排水平面图

二层给水排水平面图

项目名称	上海村镇典型住宅给水排水设计	图号	水-010
图　名	一、二层给水排水平面图	页次	117

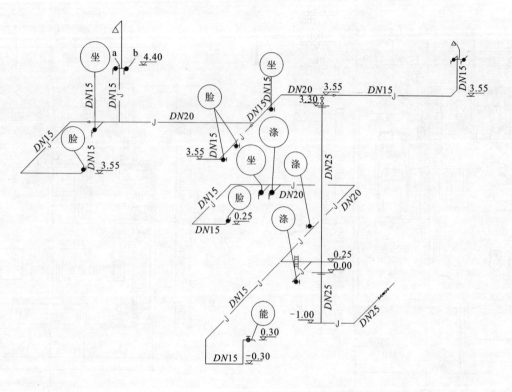

冷水给水系统图

项目名称	上海村镇典型住宅给水排水设计	图号	水-011
图　名	给水系统图	页次	118

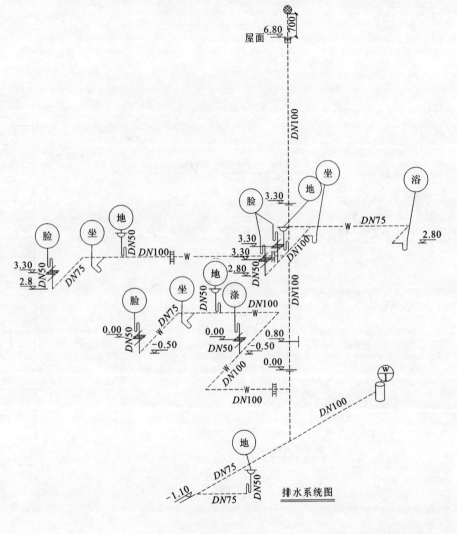

屋面 6.80

DN100

坐
地
浴

脸 3.30
坐
地

3.30

脸 3.30
3.30
DN100 W DN75 W DN100 2.80

DN50 DN75
3.30 DN50 DN75
2.8

地 2.80
坐
脸 DN50 滗 DN100

DN75 W W
0.00 DN50 0.00 0.80
-0.50 DN50 -0.50

W
DN100

0.00
DN100

W DN100

W
DN100

地

DN75
-1.10 DN50
DN75

排水系统图

项目名称	上海村镇典型住宅给水排水设计	图号	水-012
图　名	排水系统图	页次	119

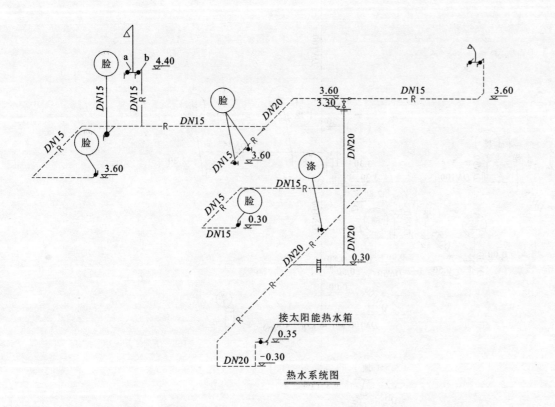

图例说明

符号	名称
—— J ——	生活给水管
——— R ———	生活热水管
---W---	污水管
Ⓦ	检查井
⊥ ⋈	闸阀(或截止阀)
▬	水表
⊘	地漏
日	伸缩节
⊕ ↑	球形通气帽
⊢	检查口
△	变径管
🚽	坐便器
▦	厨房洗涤盆
⌐	淋浴器
⊙	立式脸盆
→	水龙头
▭	洗涤盆

接太阳能热水箱

热水系统图

项目名称	上海村镇典型住宅给水排水设计	图号	水-013
图　　名	热水系统及图例说明	页次	120

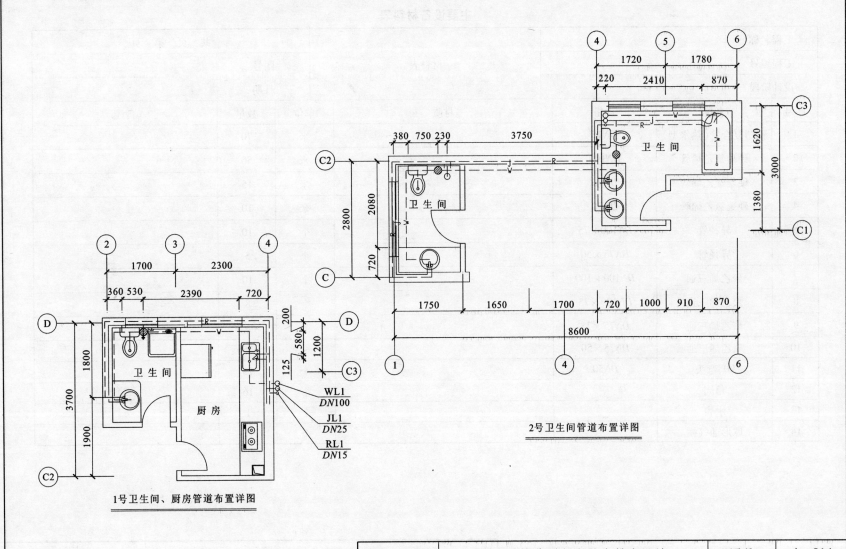

1号卫生间、厨房管道布置详图

2号卫生间管道布置详图

WL1
DN100

JL1
DN25

RL1
DN15

项目名称	上海村镇典型住宅给水排水设计	图号	水-014
图　名	厨房、卫生间详图	页次	121

主要设备材料表

	工程名称			材料表			共 页 第 页	
	工程编号					图号		
	设计阶段					日期		

序号	名称	规格	材质	单位	数量	备注
1	钢塑复合管（热水型）	DN15		米	70	
2	硬聚氯乙烯管	DN100		米	50	
3	硬聚氯乙烯管	DN75		米	15	
4	硬聚氯乙烯管	DN50		米	10	
5	异径管	DN100×75		个	10	
6	异径管	DN75×50		个	5	
7	聚乙烯三通	DN100×100		个	10	
8	聚乙烯三通	DN100×75		个	8	
9	聚乙烯三通	DN75×75		个	5	
10	聚乙烯三通	DN75×50		个	15	
11	90°弯头	DN50		个	15	
12	角阀			个	16	
13	水表			个	1	
14	球形通气帽			个	2	

项目名称	上海村镇典型住宅给水排水设计	图号	水－015
图　名	主要设备材料表（一）	页次	122

续表

							共 页 第 页	
工程名称				材料表				
工程编号						图号		
设计阶段						日期		

序号	名称	规格	材质	单位	数量	备注
15	地漏			个	3	
16	坐便器			个	3	
17	厨房洗涤盆			个	1	
18	淋浴器			个	1	
19	立式脸盆			个	2	

项目名称	上海村镇典型住宅给水排水设计	图号	水-016
图　名	主要设备材料表(二)	页次	123

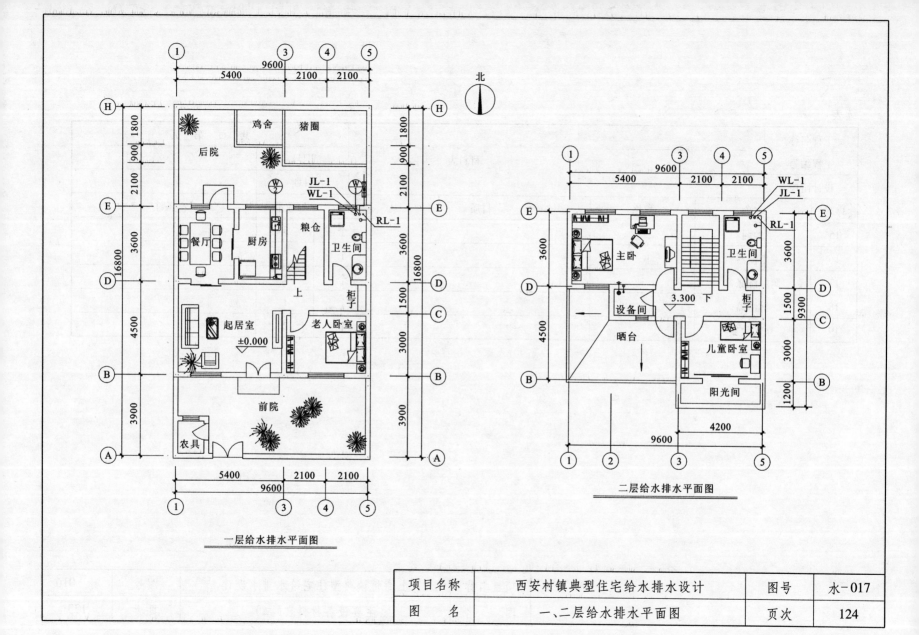

一层给水排水平面图

二层给水排水平面图

项目名称	西安村镇典型住宅给水排水设计	图号	水-017
图　名	一、二层给水排水平面图	页次	124

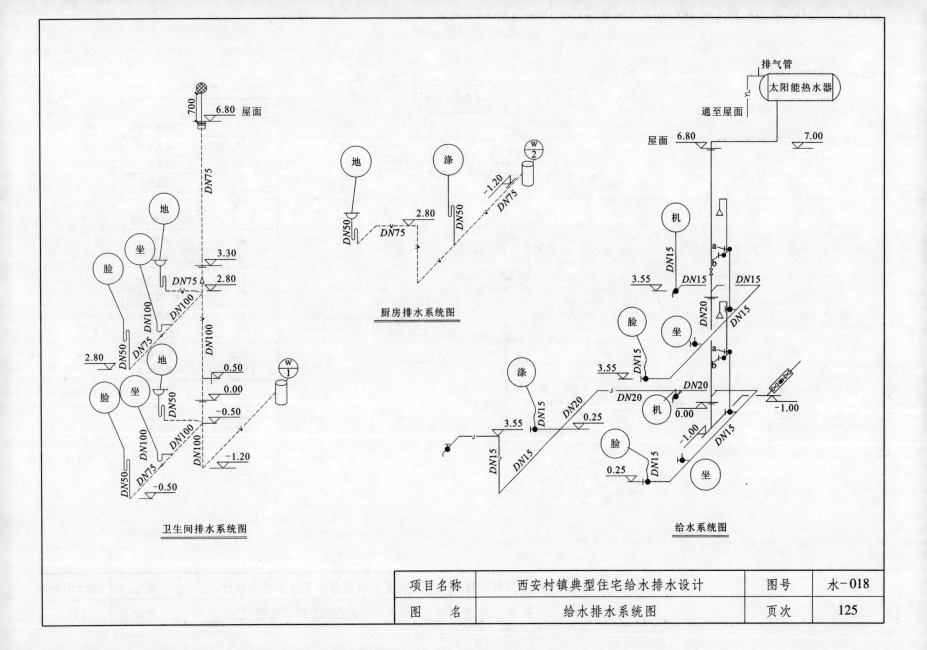

卫生间排水系统图

厨房排水系统图

给水系统图

项目名称	西安村镇典型住宅给水排水设计	图号	水-018
图 名	给水排水系统图	页次	125

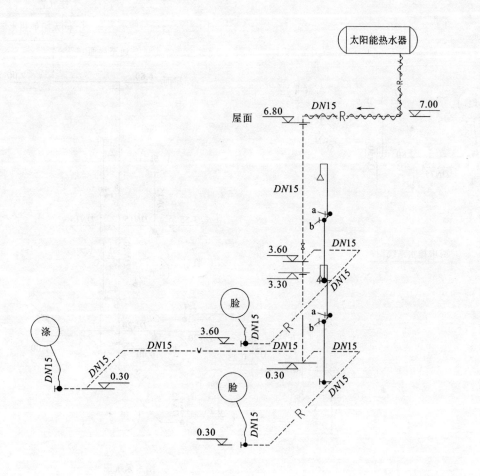

项目名称	西安村镇典型住宅给水排水设计	图号	水-019
图　　名	热水系统及图例说明	页次	126

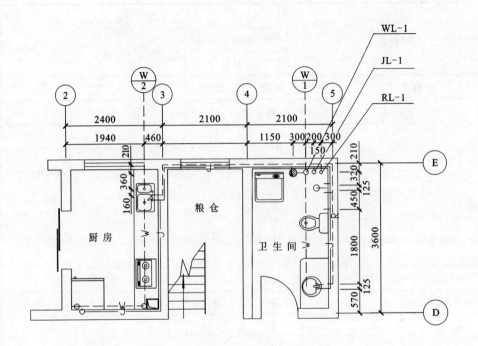

1号厨房、卫生间管道布置详图

2号卫生间管道布置详图

项目名称	西安村镇典型住宅给水排水设计	图号	水-020
图　名	厨房、卫生间详图	页次	127

工程名称				共 页 第 页		
工程编号			材料表	图号		
设计阶段				日期		

序号	名称	规格	材质	单位	数量	备注
1	钢塑复合管（热水型）	DN15		米	10	
2	硬聚氯乙烯管	DN100		米	20	
3	硬聚氯乙烯管	DN75		米	15	
4	硬聚氯乙烯管	DN50		米	5	
5	异径管	DN100×75		个	5	
6	异径管	DN75×50		个	6	
7	聚乙烯三通	DN100×100		个	4	
8	聚乙烯三通	DN100×75		个	4	
9	聚乙烯三通	DN75×75		个	4	
10	聚乙烯三通	DN75×50		个	6	
11	90°弯头	DN50		个	4	
12	水龙头			个	1	
13	角阀			个	8	

项目名称	西安村镇典型住宅给水排水设计	图号	水-021
图 名	主要设备材料表（一）	页次	128

续表

工程名称				材料表			共 页 第 页	
工程编号						图号		
设计阶段						日期		
序号	名称	规格		材质	单位	数量	备注	
14	水表				个	1		
15	球形通气帽				个	1		
16	地漏				个	2		
17	坐便器				个	2		
18	厨房洗涤盆				个	1		
19	立式脸盆				个	2		
20	淋浴器				个	2		

项目名称	西安村镇典型住宅给水排水设计	图号	水-022
图 名	主要设备材料表(二)	页次	129

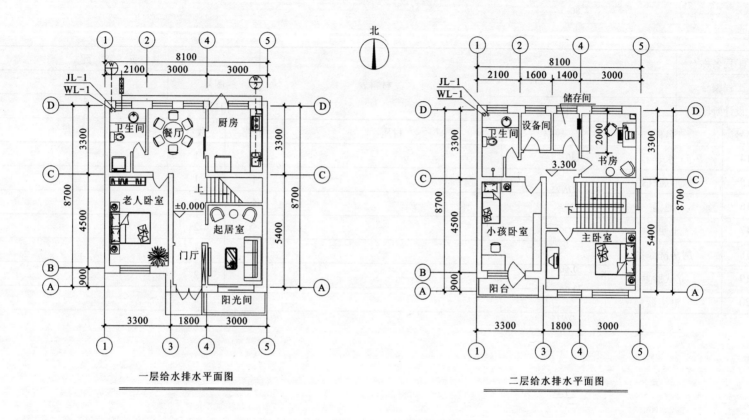

北

一层给水排水平面图

二层给水排水平面图

项目名称	长春村镇典型住宅给水排水设计	图号	水-023
图　名	一、二层给水排水平面图	页次	130

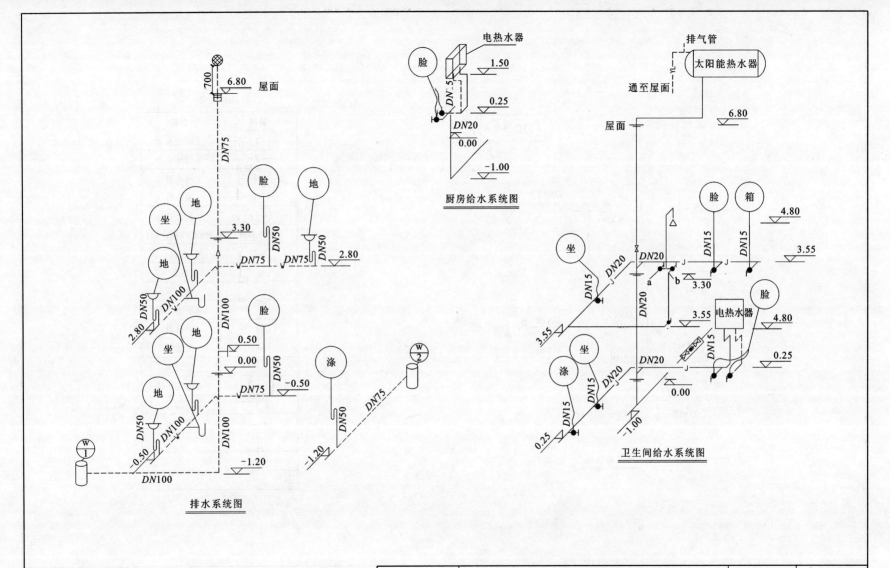

厨房给水系统图

排水系统图

卫生间给水系统图

项目名称	长春村镇典型住宅给水排水设计	图号	水-024
图 名	给水排水系统图	页次	131

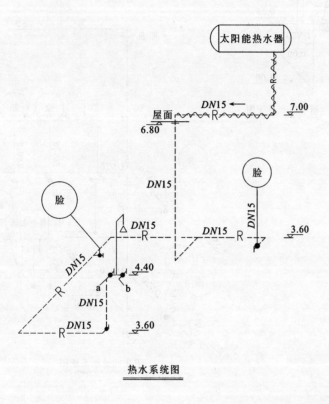

太阳能热水器

DN15 ←

屋面

7.00

6.80

脸

脸

DN15

DN15

DN15

DN15 R

DN15 R

DN15

3.60

R

DN15

4.40

a   b

DN15

R   DN15

3.60

热水系统图

图例说明

符号	名称
── J ──	生活给水管
─── R ───	生活热水管
───W───	污水管
───YL───	溢流管
Ⓦ Ⓦ	检查井
─●─ ─▷◁─	闸阀(或截止阀)
▬	水表
◉⊤	地漏
⊟	伸缩节
⊛↑	球形通气帽
⊢	检查口
△	变径管
🚽	坐便器
▭	厨房洗涤盆
◉	立式脸盆
→	水龙头

项目名称	长春村镇典型住宅给水排水设计	图号	水-025
图　名	热水系统及图例说明	页次	132

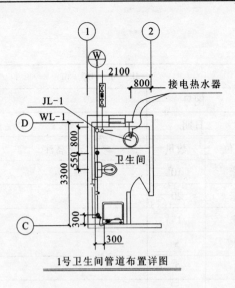

1号卫生间管道布置详图

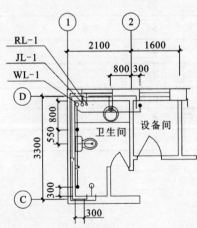

2号卫生间管道布置详图

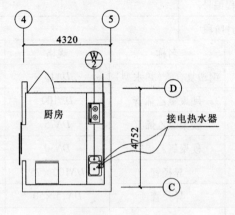

1号厨房管道布置详图

项目名称	长春村镇典型住宅给水排水设计	图号	水-026
图　名	厨房、卫生间详图	页次	133

主要设备材料表

	工程名称			材料表			共 页 第 页	
	工程编号					图号		
	设计阶段					日期		
序号	名称	规格	材质		单位	数量	备注	
1	钢塑复合管(热水型)	DN15			米	10		
2	硬聚氯乙烯管	DN100			米	20		
3	硬聚氯乙烯管	DN75			米	15		
4	硬聚氯乙烯管	DN50			米	5		
5	异径管	DN100×75			个	2		
6	异径管	DN75×50			个	3		
7	聚乙烯三通	DN100×100			个	3		
8	聚乙烯三通	DN100×75			个	4		
9	聚乙烯三通	DN75×75			个	4		
10	聚乙烯三通	DN75×50			个	6		
11	90°弯头	DN50			个	4		
12	水龙头				个	4		

项目名称	长春村镇典型住宅给水排水设计	图号	水-027
图 名	主要设备材料表(一)	页次	134

续表

工程名称						共 页 第 页		
工程编号			材料表			图号		
设计阶段						日期		
序号	名称	规格	材质	单位	数量	备注		
13	角阀			个	10			
14	水表			个	2			
15	球形通气帽			个	1			
16	地漏			个	4			
17	坐便器			个	2			
18	厨房洗涤盆			个	1			
19	立式脸盆			个	2			
20	淋浴器			个	1			

项目名称	长春村镇典型住宅给水排水设计	图号	水-028
图 名	主要设备材料表(二)	页次	135

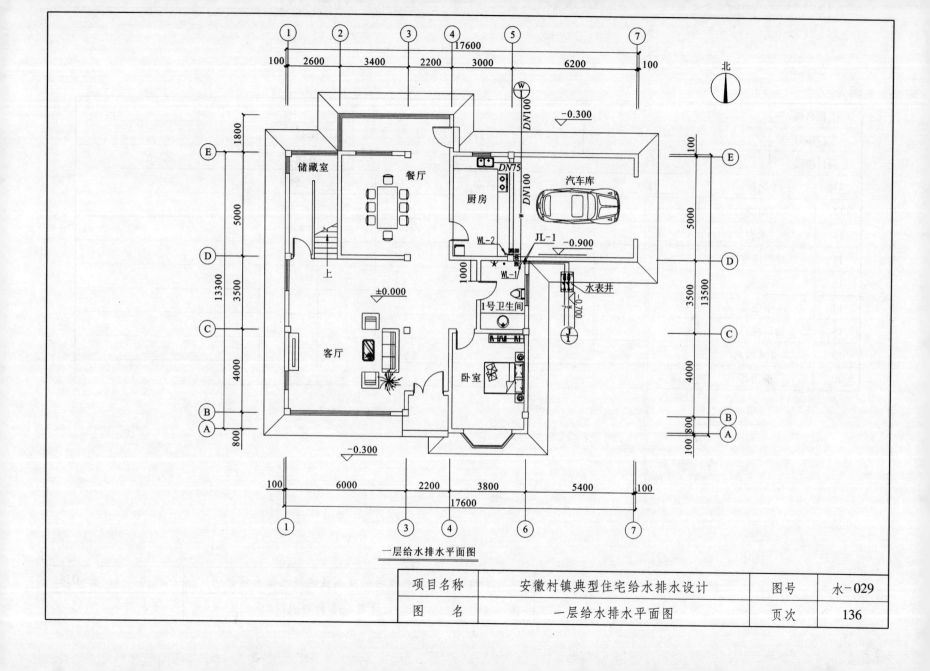

一层给水排水平面图

项目名称	安徽村镇典型住宅给水排水设计	图号	水-029
图　名	一层给水排水平面图	页次	136

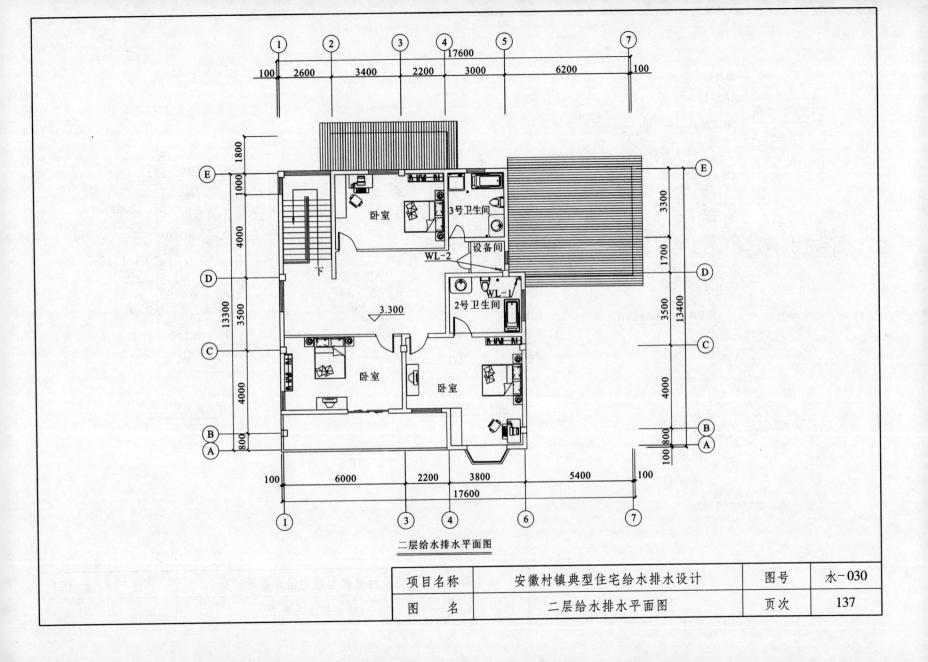

二层给水排水平面图

项目名称	安徽村镇典型住宅给水排水设计	图号	水-030
图　名	二层给水排水平面图	页次	137

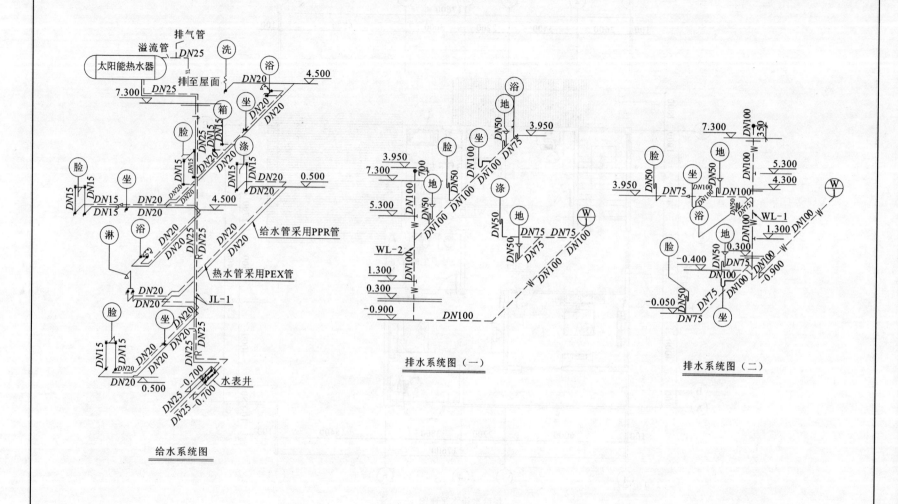

给水系统图

排水系统图（一）

排水系统图（二）

项目名称	安徽村镇典型住宅给水排水设计	图号	水-031
图　名	给水排水系统图	页次	138

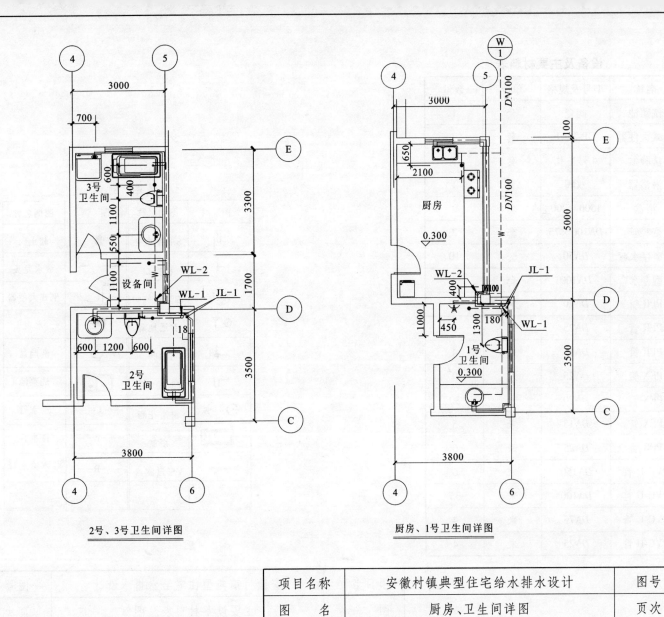

2号、3号卫生间详图

厨房、1号卫生间详图

项目名称	安徽村镇典型住宅给水排水设计	图号	水-032
图　名	厨房、卫生间详图	页次	139

设备及主要材料表

编号	名称	型号及规格	单位	数量
1	洗菜池	陶瓷	套	1
2	坐式大便器	GP-2547	套	3
3	洗脸盆	4号三孔	套	3
4	淋浴器	双阀	套	1
5	浴盆	1500×700	套	2
6	变径管	$DN100×75$	套	2
7	S型存水弯	$DN50$	套	10
8	P型存水弯	$DN100$	套	3
9	PPR 管	$DN20$	米	20
10	PPR 管	$DN25$	米	6
11	PPR 管	$DN15$	米	4
12	PEX 管	$DN25$	米	9
13	PEX 管	$DN20$	米	30
14	PEX 管	$DN15$	米	5
15	PPR 管	$DN25$	米	6
16	PVC-U 管	$DN150$	米	6
17	PVC-U 管	$DN100$	米	35
18	PVC-U 管	$DN75$	米	4
19	PVC-U 管	$DN25$	米	4

图 例

图 例	图 例 名 称	图 例	图 例 名 称
	S形存水弯		截止阀
	检查口		放水龙头
	乙型通气帽		坐式大便器
	普通地漏		水表
	角阀		洗脸盆
	P形存水弯		洗菜池
	淋浴花洒	—J—	给水管
	浴盆	——W——	排水管
	Y形过滤器	——R——	热水给水管

项目名称	安徽村镇典型住宅给水排水设计	图号	水-033
图 名	主要设备材料表及图例	页次	140

设计说明

一、设计依据

1. "十一五"国家科技支撑计划项目"农村住宅规划设计与建设标准研究"课题。

2. 国家有关现行设计规范和规程,省内地方法规。

二、设计范围

本设计包括住宅室内给水排水设计,给水管道以室外水表前的阀门为界,该阀门以内属于室内。

排水管道以室外第一个检查井为界,检查井属于室外;屋面与庭院雨水按无组织排水,通过地面散水坡汇向道路雨水口。

三、工程概况

本工程为乌鲁木齐地区新农村建设中的一种典型单层建筑,建筑高度为 3.6 m。

四、冷水系统

1. 水源:本楼给水水源接自外部给水干管;供水压力 $P \geqslant 0.20MPa$,各户给水引入管 $DN20$。

2. 给水方式:生活用水经小区给水管网直接供水。

3. 室外进水管可根据现场具体情况进行变化。

五、热水系统

1. 水源:本楼 1 号卫生间、冬季厨房热水供应均来自太阳能,太阳能型号可按照各户需要设置。

2. 给水方式:生活热水经屋顶热水管网直接重力供水或由热水箱机械供水。

六、室内消防系统

1. 本工程为二层普通住宅,故不设室内消火栓系统。

2. 本楼室外消防用水由外部给水管网供给。

七、排水系统

1. 排水立管转弯及排水立管与排出管连接管应采用 2 个 45°弯头或采用斜三通连接。排水三通应采用顺水三通或斜三通配件。

2. 生活污水管道的坡度未注明时为 $I \geqslant 0.026$。

3. 排水地漏的顶面应比净地面低 0.01m,地面应有 $I \geqslant 0.01$ 的坡度。

4. 屋面雨落管,阳台雨水排水管由建筑专业设计,不包含在本设计中。

八、卫生器具的选用

卫生间设坐式大便器(不带内置水封),双联混合龙头立式洗脸盆及双管管件淋浴器。卫生洁具详见《国家建筑标准设计(给水排水标准图集)》99S304,卫生器具、给水配件应采用节水型,具有产品合格证,不得使用淘汰产品。若施工中选用了自带存水弯型器具时,则排水支管上存水弯应取消。

项目名称	乌鲁木齐村镇典型住宅给水排水设计	图号	水-034
图名	设计说明(一)	页次	141

九、管材、保温防腐及阀门

1. 冷水管采用钢塑复合管及配件;明设钢塑复合管外刷银粉漆 2 道,灰白调和漆 2 道。埋地钢塑复合管外刷石油沥青涂料 2 道。

2. 热水管采用热水型钢塑复合管及配件;明设钢塑复合管外刷银粉漆 2 道,灰白调和漆 2 道。埋地钢塑复合管外刷石油沥青涂料 2 道。所以管道支、吊架出后丹打底,外刷与管道相同颜色漆 2 道。所有设于室外及布置于架空层的热水管均用橡塑复合隔热保温材料保温,安装详见有关规定及产品说明。

3. 排水管采用优质硬聚氯乙烯管。

4. 厨卫给水管尽量采用嵌在墙内暗装式,凡碰到剪力墙建议采用预留 15mm 浇槽,并沿浅槽敷设管道,然后利用其粉刷层及装修面层加以掩饰,敷设在楼板上的给水管利用找平层加以掩饰。

5. 阀门的选用:管径 $DN < 50$ 采用钢质截止阀,$DN \geq 50$ 采用优质闸阀或蝶阀。

6. 灭火器配件详见建施图。

十、管道敷设

1. 阀门及配件需装可拆卸的法兰或螺纹活套,并安装在方便维修、拆卸的位置。管道井或吊架内阀门应配合土建留有检修口。所有管道井内楼板应待管道安装后封堵。给水排水管道与其他专业管道交叉应互相协调。除图纸注明标高外,设于吊顶内管道安装应尽可能紧贴梁底,立管应按规定尺寸靠近墙面或柱边。

2. 立管及水平管支、吊架安装详见《国家建筑标准设计(室内管道支架及吊架)》03S402。所有竖管底部应加支墩或铁架固定,管道穿楼板、梁、外墙等均设套管,其缝隙应填塞严密。管防水套管安装详见《国家建筑标准设计(防水套管)》02S404。

3. 热水横管均应有与水流方向相反 ≥ 0.003 的坡度。

4. 暗装排水竖管上的检查口应设检修门,做法详见土建图。

5. 给水管所注标高指管中心标高,排水管指管底标高,以 m 计,其他尺寸以 mm 计。

6. 钢塑复合管螺纹连接,排水硬聚氯乙烯管采用粘胶接口。

7. 卫生洁具配管安装高度除图中特别注明外均参见国家建筑标准设计给水排水标准图集"卫生设备安装"。

十一、水压试验及竣工验收

1. 施工单位应对所承担的给水、排水安装进行全面水压试验、通水试验和灌水试验等。

2. 对工程质量进行检查。对管道工程质量检查的主要内容包括:管道的平面位置、标高、坡向、管径、管材是否符合设计要求,管道支架卫生器具位置是否正确,安装是否牢固;阀件、水表、水泵等安装有无漏水现象,卫生器具排水是否通畅,以及管道油漆和保温是否符合设计要求。给水排水工程应按检验批、分项、分部或单位工程验收,按国家有关规范和标准进行验收和质量评价。

3. 室内给水管工作压力为 0.5MPa,试验压力应为工作压力的 1.2 倍。

4. 所有排水管道及卫生洁具等安装应按国家有关规定、标准进行验收。

项目名称	乌鲁木齐村镇典型住宅给水排水设计		图号	水-035
图 名	设计说明(二)		页次	142

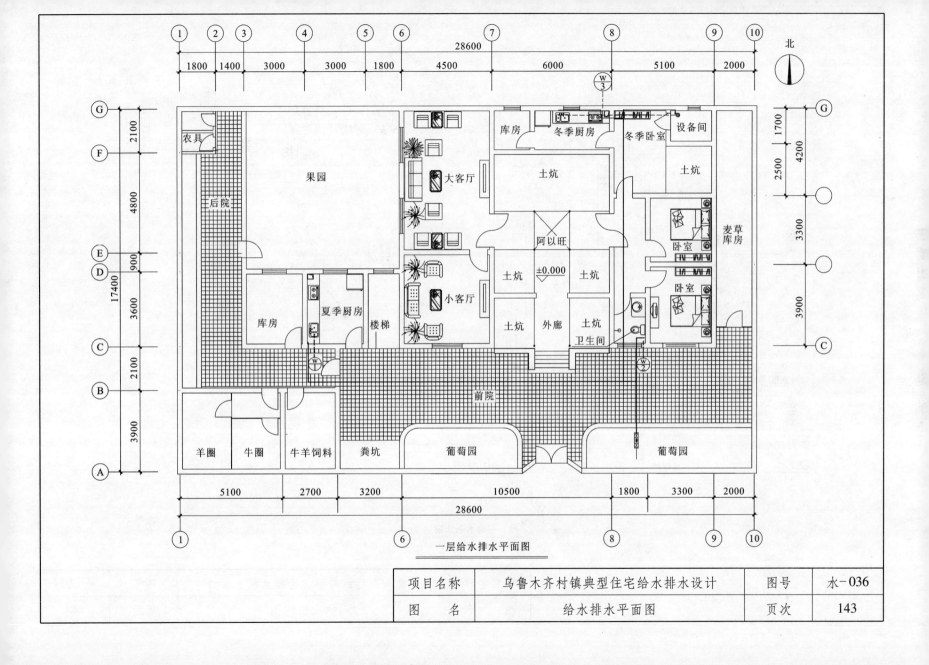

一层给水排水平面图

项目名称	乌鲁木齐村镇典型住宅给水排水设计	图号	水-036
图　名	给水排水平面图	页次	143

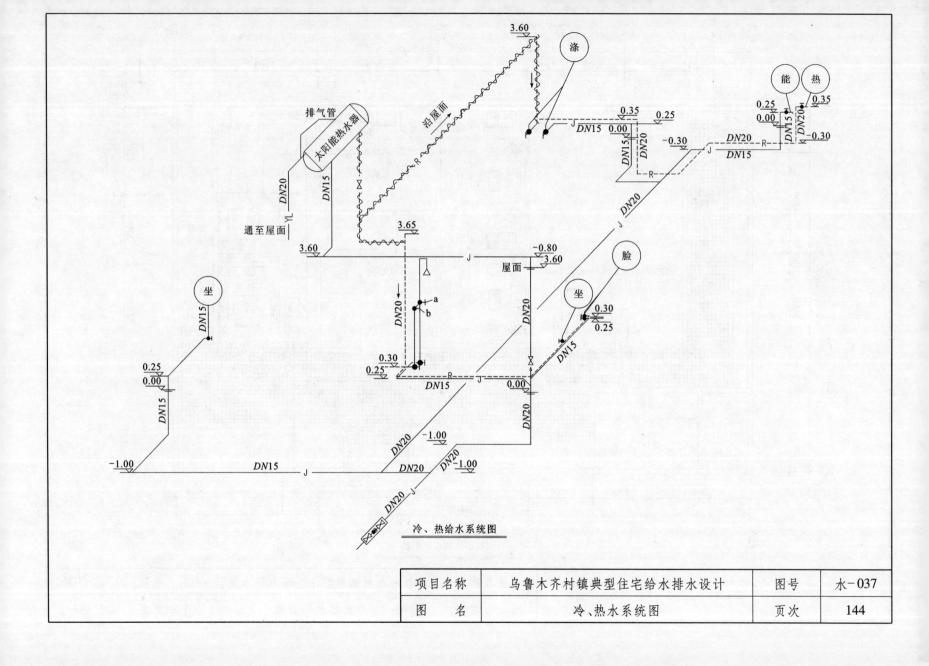

冷、热给水系统图

项目名称	乌鲁木齐村镇典型住宅给水排水设计	图号	水-037
图　名	冷、热水系统图	页次	144

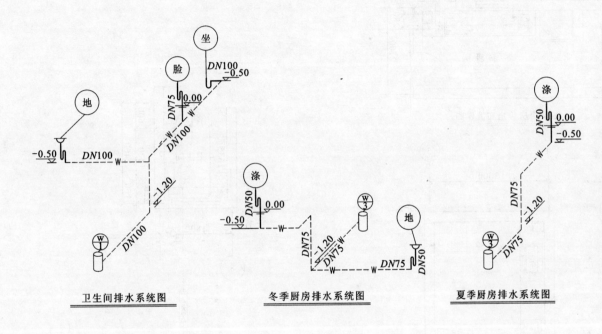

图例说明

符号	名称
——J——	生活给水管
——R——	生活热水管
---W---	污水管
——YL——	溢流管
Ⓦ Ⓦ₂ Ⓦ₃	检查井
⼯ ⊶	闸阀(或截止阀)
▣	水表
⊘	地漏
⊟	伸缩节
△	变径管
	坐便器
	厨房洗涤盆
	淋浴器
	立式脸盆

卫生间排水系统图

冬季厨房排水系统图

夏季厨房排水系统图

项目名称	乌鲁木齐村镇典型住宅给水排水设计	图号	水-038
图　名	排水系统及图例说明	页次	145

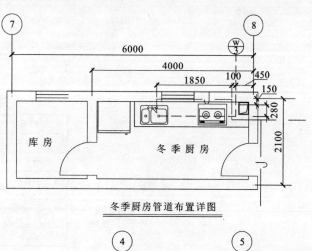

冬季厨房管道布置详图

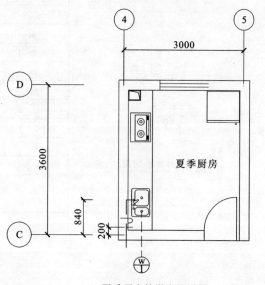

夏季厨房管道布置详图

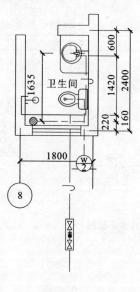

卫生间管道布置详图

项目名称	乌鲁木齐村镇典型住宅给水排水设计	图号	水-039
图　　名	厨房、卫生间详图	页次	146

主要设备材料表

	工程名称				材料表		共 页 第 页	
	工程编号						图号	
	设计阶段						日期	

序号	名称	规格	材质	单位	数量	备注
1	钢塑复合管(热水型)	$DN15$		米	10	
2	硬聚氯乙烯管	$DN100$		米	10	
3	硬聚氯乙烯管	$DN75$		米	10	
4	硬聚氯乙烯管	$DN50$		米	5	
5	异径管	$DN100 \times 75$		个	3	
6	异径管	$DN75 \times 50$		个	3	
7	聚乙烯三通	$DN100 \times 100$		个	4	
8	聚乙烯三通	$DN100 \times 75$		个	3	
9	聚乙烯三通	$DN75 \times 75$		个	3	
10	聚乙烯三通	$DN75 \times 50$		个	6	
11	90°弯头	$DN50$		个	6	
12	角阀			个	7	

项目名称	乌鲁木齐村镇典型住宅给水排水设计	图号	水－040
图 名	主要设备材料表(一)	页次	147

续表

工程名称			材料表			共 页 第 页		
工程编号					图号			
设计阶段					日期			
序号	名称	规格	材质	单位	数量	备注		
13	水表			个	1			
14	球形通气帽			个	3			
15	地漏			个	1			
16	坐便器			个	1			
17	厨房洗涤盆			个	1			
18	立式脸盆			个	1			
19	淋浴器			个	1			

项目名称	乌鲁木齐村镇典型住宅给水排水设计	图号	水－041
图 名	主要设备材料表（二）	页次	148

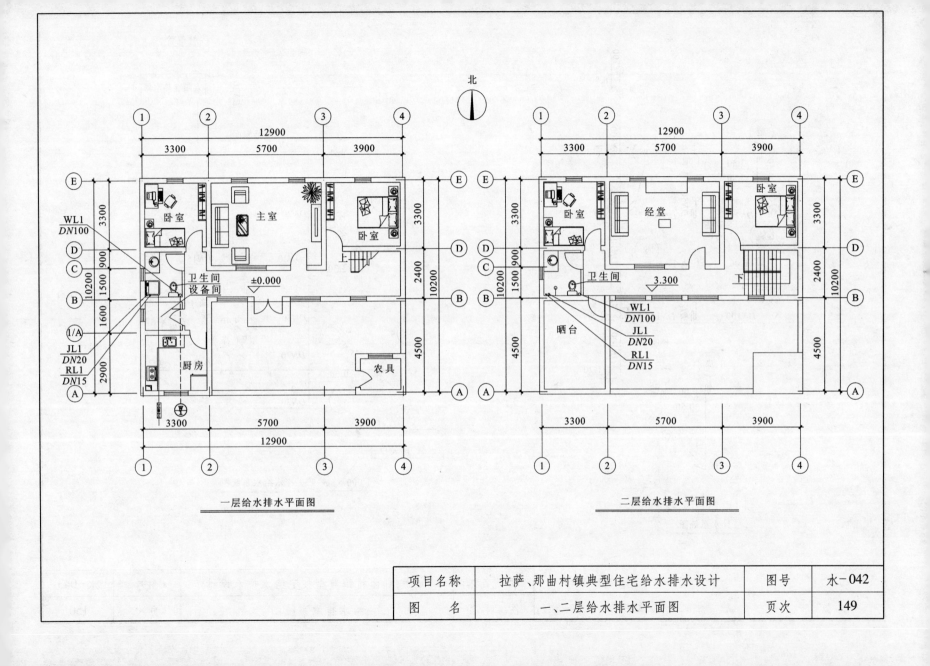

北

一层给水排水平面图

二层给水排水平面图

项目名称	拉萨、那曲村镇典型住宅给水排水设计	图号	水-042
图　　名	一、二层给水排水平面图	页次	149

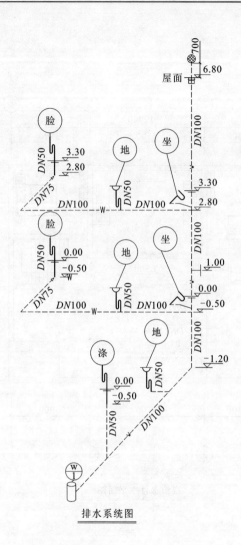

排水系统图

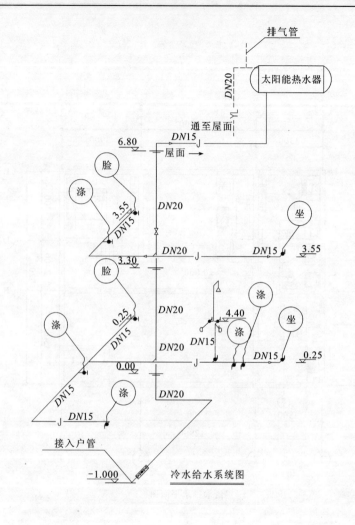

冷水给水系统图

项目名称	拉萨、那曲村镇典型住宅给水排水设计	图号	水-043
图 名	给水排水系统图	页次	150

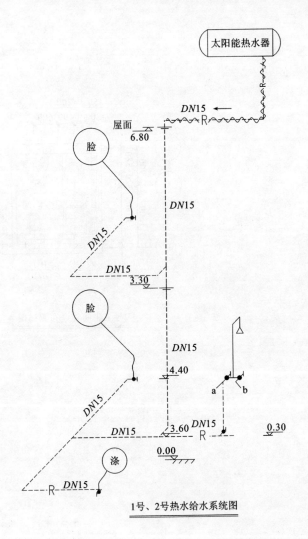

太阳能热水器

屋面 6.80

脸

脸

涤

*DN*15

1号、2号热水给水系统图

图例说明

符号	名称
—— J ——	生活给水管
—— R ——	生活热水管
---W---	污水管
---YL---	溢流管
Ⓦ	检查井
⊥ ▷◁	闸阀(或截止阀)
■	水表
◎ ▽	地漏
⊟	伸缩节
	球形通气帽
H	检查口
△	变径管
	坐便器
	厨房洗涤盆
	淋浴器
	立式脸盆
→	水龙头

项目名称	拉萨、那曲村镇典型住宅给水排水设计	图号	水-044
图 名	热水系统及图例说明	页次	151

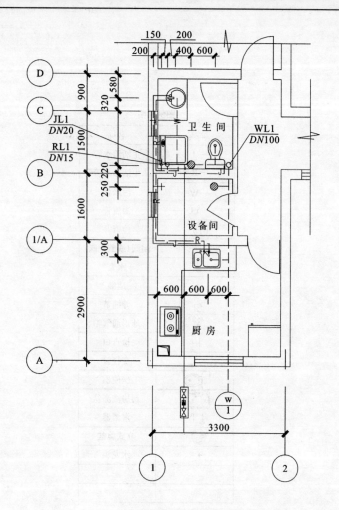

150 200
200 400 600

D
C JL1
DN20
RL1
DN15
B

卫生间
WL1
DN100

设备间
R

厨房

900 320 580
1500 250 220 1600 300 2900

600 600 600

3300

W
1

1 2

1号厨房、1号卫生间管道布置详图

150 200
200 400 600

D
C

B

卫生间
WL1
DN100

RL1
DN15
JL1
DN20

900 320 580
1500 1280 220

2号卫生间管道布置详图

项目名称	拉萨、那曲村镇典型住宅给水排水设计	图号	水-045
图 名	厨房、卫生间详图	页次	152

主要设备材料表

				共 页 第 页	
工程名称			材料表		
工程编号				图号	
设计阶段				日期	

序号	名称	规格	材质	单位	数量	备注
1	钢塑复合管（热水型）	$DN15$		米	35	
2	硬聚氯乙烯管	$DN100$		米	20	
3	硬聚氯乙烯管	$DN75$		米	15	
4	硬聚氯乙烯管	$DN50$		米	5	
5	异径管	$DN100 \times 75$		个	3	
6	异径管	$DN75 \times 50$		个	3	
7	聚乙烯三通	$DN100 \times 100$		个	3	
8	聚乙烯三通	$DN100 \times 75$		个	4	
9	聚乙烯三通	$DN75 \times 75$		个	4	
10	聚乙烯三通	$DN75 \times 50$		个	8	
11	90°弯头	$DN50$		个	4	
12	角阀			个	12	

项目名称	拉萨、那曲村镇典型住宅给水排水设计	图号	水-046
图 名	主要设备材料表(一)	页次	153

续表

工程名称			材料表		共 页 第 页			
工程编号					图号			
设计阶段					日期			
序号	名称	规格	材质	单位	数量	备注		
13	水表			个	1			
14	球形通气帽			个	2			
15	地漏			个	2			
16	坐便器			个	2			
17	厨房洗涤盆			个	1			
18	淋浴器			个	1			
19	立式脸盆			个	2			

项目名称	拉萨、那曲村镇典型住宅给水排水设计	图号	水-047
图 名	主要设备材料表(二)	页次	154

电气设计图纸目录

项目名称	村镇典型住宅电气设计	图号	电-001
图　名	电气设计图纸目录	页次	155

村镇住宅电气设计说明

一、配电及照明系统

1. 农宅电源引入采用低压 380/220V 架空线引入,如条件好可采用埋地引入。

2. 接入农宅的公共低压配电系统采用 TN-S 接地系统。

3. 每户农宅均设计量表,分散住户可设单户电表箱,成片农宅可根据现场情况设置集中电表箱,6~9 户以下为宜。

4. 户内照明卧室及厅房设荧光灯,厨房设防潮灯,室外灯具设防水防尘灯。

5. 卫生间浴霸由专用回路供电,浴霸与开关之间预留 SC20 钢管。

二、电话电视系统

1. 每户农宅在卧室、书房及起居室各设一个电话插座,在卧室,书房预留一个网络插座。

2. 每户农宅在主卧室及起居室各设一个电视插座。

三、防雷及接地

1. 防雷:处于山区及半山坡的农宅设计按三类防雷建筑物进行设防。

2. 接地:基础地梁内的水平钢筋应可靠连接为一个整体并与主内钢筋焊通。

3. 本工程采用总等电位联结,总等电位板由紫铜板制成,应将建筑物内保护干线、设备进线总管、建筑物金属构件进行联结,总等电位联结线采用 BV-1 $\times 25mm^2$ PC32,总等电位联结均采用各种型号的等电位卡子,不允许在金属管道上焊接。有洗浴设备的卫生间、淋浴间采用局部等电位联结,从适当的地方引出两根大于 $\phi 16$ 结构钢筋至局部等电位箱 LEB,局部等电位箱暗装,底距地 0.3m。将卫生间内所有金属管道、构件联结,卫生间内插座 PE 线应与局部等电位箱联结。具体做法参考国家建筑标准设计《等电位联结安装》02D501-2。

4. 弱电信号引入端设过电压保护装置。

四、其他

1. 照明回路导线规格及敷设方式见相应配电箱系统图,所有的插座回路均为三根线。

平面图照明灯具连线根数与管径对应关系为:2~3 根穿 SC15 管,4~5 根穿 SC20 管。

2. 有线电视同轴电缆 SYWV-75-5 穿管管径选择:1 根穿 SC15 管。电话电缆 RVS-2X0.5 穿管管径选择:1~2 根穿 SC15 管。

3. 线路及导线敷设方式的文字符号:WC—暗敷在墙内;CC—暗敷在顶板内;FC—地面下敷设。

4. 灯具安装方式的文字符号:S—吸顶式;W—壁装式。

项目名称	村镇住宅电气设计		图号	电-002
图　　名	设计说明(一)		页次	156

主要设备器材表

图例	名称	型号规格	安装高度	备注
⊏□	电表箱	见系统图	挂墙明装,距地1.8m	
▬	照明配电箱	见系统图	挂墙暗装,距地1.8m	
MEB	总等电位端子箱		挂墙暗装,距地0.3m	
LEB	局部等电位端子箱		挂墙暗装,距地0.3m	
Y	单相三孔加两孔安全型暗插座	250V 10A	暗装,距地0.3m	
Y_W	单相三孔加两孔安全型暗插座(防溅型)	250V 10A	暗装,距地1.5m	卫生间专用
Y_X	单相三孔安全型暗插座(防溅型)	250V 10A	暗装,距地1.5m	洗衣机专用
Y_Y	单相三孔安全型暗插座(防溅型)	250V 10A	暗装,距地2.2m	抽油烟机专用
Y_C	单相三孔加两孔安全型暗插座(防溅型)	250V 10A	暗装,距地1.5m	厨房设备专用
Y_B	单相三孔安全型暗插座(防溅型)	250V 10A	暗装,距地1.5m	电冰箱专用
Y_K	单相三孔安全型暗插座	250V 16A	距地2.0m	壁挂空调专用
Y_H	单相三孔安全型暗插座	250V 20A	距地0.3m	柜机空调专用
Y_S	单相三孔安全型暗插座	250V 20A	距地0.3m	太阳能加热专用
⊗	吸顶灯(配T5环型荧光灯)	见平面图	吸顶安装	厨房内为防潮型
⊗	吸顶灯(配紧凑型节能荧光灯)	见平面图	吸顶安装	
⊛	吸顶灯(配紧凑型节能荧光灯)	见平面图	吸顶安装	防水防尘型
◖	壁灯(配紧凑型节能荧光灯)	见平面图	距地2.5m	室外为防水防尘型

项目名称	村镇住宅电气设计	图号	电-003
图名	设计说明(二)	页次	157

续表

图例	名称	型号规格	安装高度	备注
B	壁灯（T5 荧光灯）	见平面图	距地 2.1m	防水型
⊗YB	浴霸		吸顶安装	
✗	单联单控翘板暗开关	250V,10A	暗装,距地 1.3m	
✗	双联单控翘板暗开关	250V,10A	暗装,距地 1.3m	
✗	三联单控翘板暗开关	250V,10A	暗装,距地 1.3m	
✗	单联双控翘板暗开关	250V,10A	暗装,距地 1.3m	
YB✗	浴霸开关	250V,10A	暗装,距地 1.3m	
✗	单联单控翘板暗开关（防溅型）	250V,10A	暗装,距地 1.3m	
DD	智能家居布线箱		距地 0.5m	
TP	电视插座		距地 0.3m	
TP	电话插座		距地 0.3m	
TO	网络插座		距地 0.3m	

项目名称	村镇住宅电气设计	图号	电－004
图　　名	设计说明(三)	页次	158

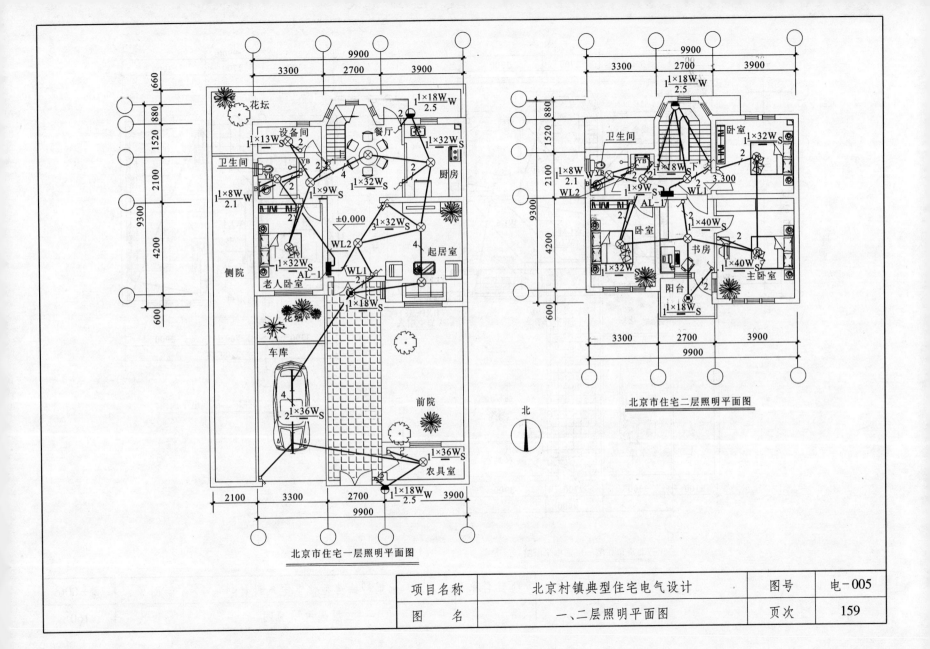

北京市住宅一层照明平面图

北京市住宅二层照明平面图

北

项目名称	北京村镇典型住宅电气设计	图号	电-005
图名	一、二层照明平面图	页次	159

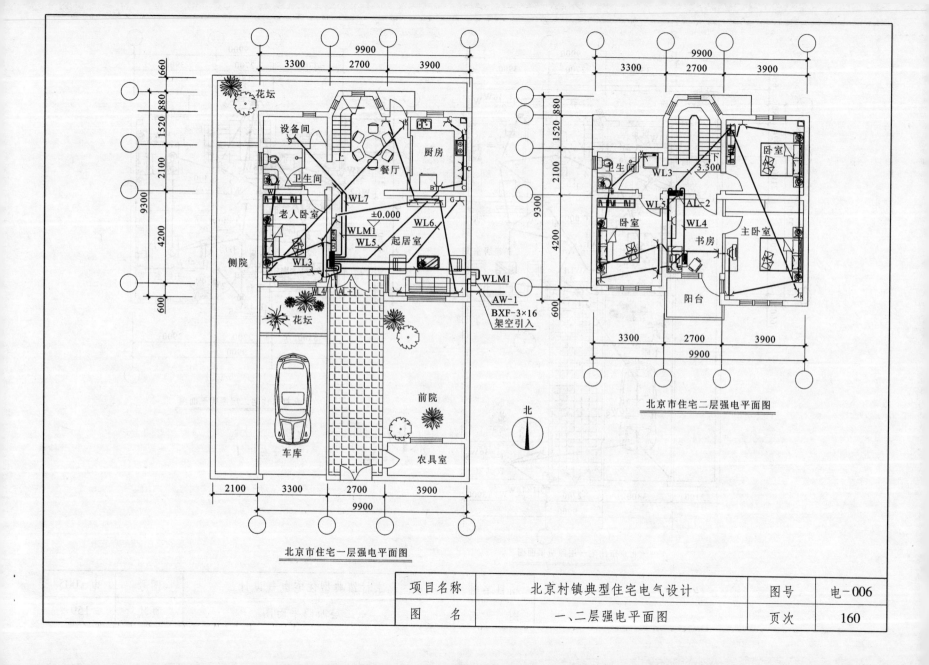

北京市住宅二层强电平面图

北京市住宅一层强电平面图

项目名称	北京村镇典型住宅电气设计	图号	电-006
图 名	一、二层强电平面图	页次	160

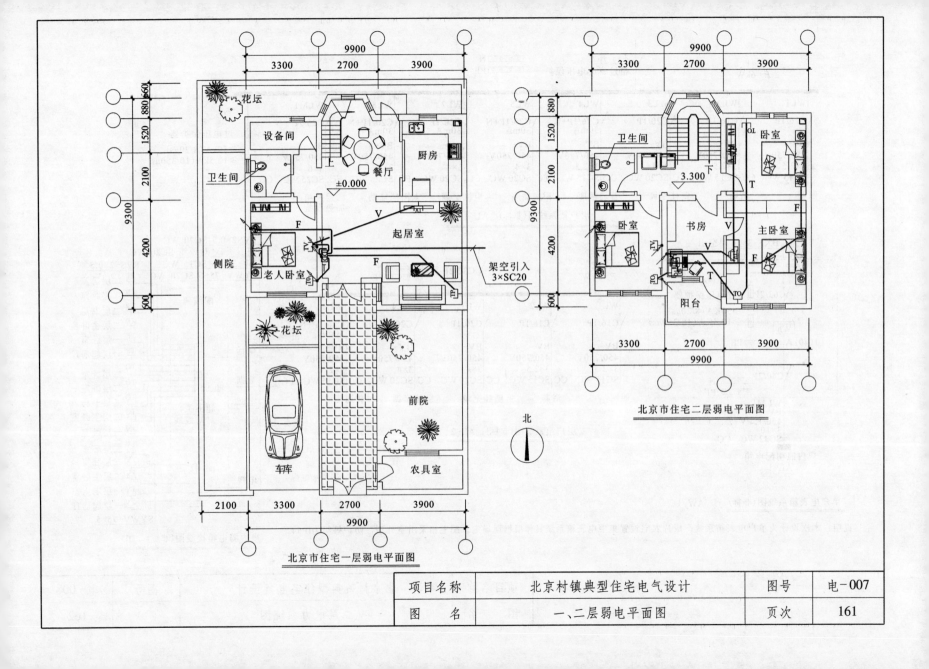

北京市住宅二层弱电平面图

北京市住宅一层弱电平面图

项目名称	北京村镇典型住宅电气设计	图号	电－007
图　名	一、二层弱电平面图	页次	161

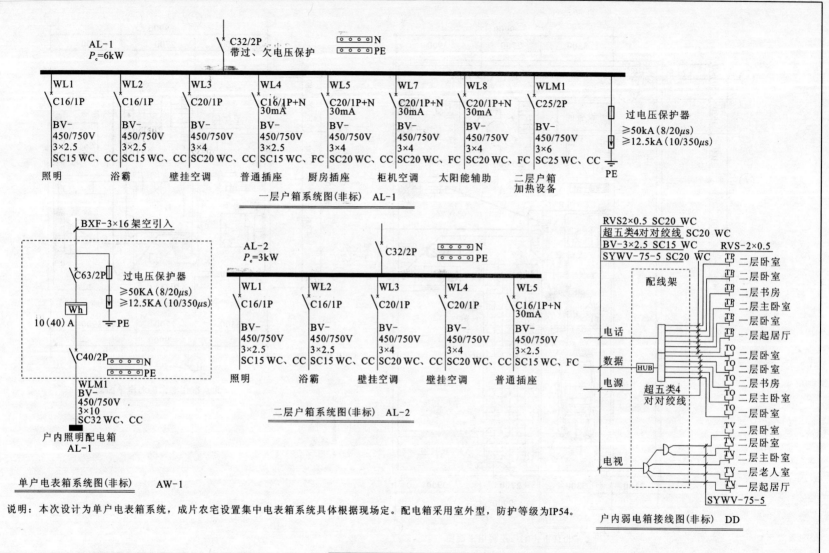

AL-1
P_e=6kW

C32/2P
带过、欠电压保护

N
PE

WL1	WL2	WL3	WL4	WL5	WL7	WL8	WLM1
C16/1P	C16/1P	C20/1P	C16/1P+N 30mA	C20/1P+N 30mA	C20/1P+N 30mA	C20/1P+N 30mA	C25/2P
BV- 450/750V 3×2.5	BV- 450/750V 3×2.5	BV- 450/750V 3×4	BV- 450/750V 3×2.5	BV- 450/750V 3×4	BV- 450/750V 3×4	BV- 450/750V 3×4	BV- 450/750V 3×6
SC15 WC、CC	SC15 WC、CC	SC20 WC、CC	SC15 WC、FC	SC20 WC、CC	SC20 WC、FC	SC20 WC、FC	SC25 WC、CC
照明	浴霸	壁挂空调	普通插座	厨房插座	柜机空调	太阳能辅助	二层户箱 加热设备

过电压保护器
≥50kA（8/20μs）
≥12.5kA（10/350μs）

PE

一层户箱系统图(非标) AL-1

BXF-3×16架空引入

C63/2P
过电压保护器
≥50KA（8/20μs）
≥12.5KA（10/350μs）

Wh

10(40)A

PE

C40/2P
N
PE

WLM1
BV-
450/750V
3×10
SC32 WC、CC

户内照明配电箱
AL-1

单户电表箱系统图(非标) AW-1

AL-2
P_e=3kW

C32/2P
N
PE

WL1	WL2	WL3	WL4	WL5
C16/1P	C16/1P	C20/1P	C20/1P	C16/1P+N 30mA
BV- 450/750V 3×2.5	BV- 450/750V 3×2.5	BV- 450/750V 3×4	BV- 450/750V 3×4	BV- 450/750V 3×2.5
SC15 WC、CC	SC15 WC、CC	SC20 WC、CC	SC20 WC、CC	SC15 WC、FC
照明	浴霸	壁挂空调	壁挂空调	普通插座

二层户箱系统图(非标) AL-2

RVS2×0.5 SC20 WC
超五类4对对绞线 SC20 WC
BV-3×2.5 SC15 WC
SYWV-75-5 SC20 WC   RVS-2×0.5

配线架

电话

数据   HUB

电源   超五类4
对对绞线

电视

TP 二层卧室
TP 二层卧室
TP 二层书房
TP 二层主卧室
TP 一层卧室
TP 一层起居厅
TO 二层卧室
TO 二层卧室
TO 二层书房
TO 二层主卧室
TO 一层卧室
TV 二层卧室
TV 二层卧室
TV 二层主卧室
TV 一层老人室
TV 一层起居厅

SYWV-75-5

户内弱电箱接线图(非标) DD

说明：本次设计为单户电表箱系统，成片农宅设置集中电表箱系统具体根据现场定。配电箱采用室外型，防护等级为IP54。

项目名称	北京村镇典型住宅电气设计		图号	电－008
图 名	一、二层电力系统图		页次	162

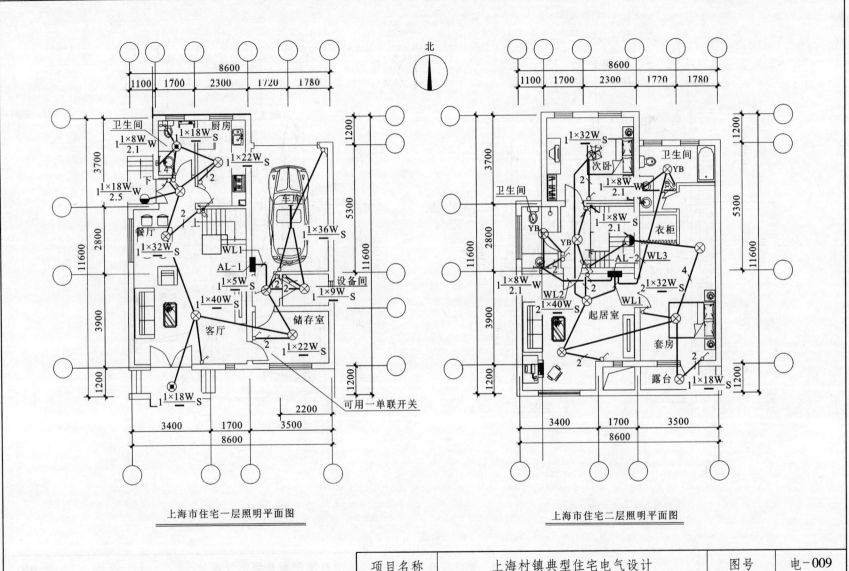

上海市住宅一层照明平面图

上海市住宅二层照明平面图

项目名称	上海村镇典型住宅电气设计	图号	电-009
图 名	一、二层照明平面图	页次	163

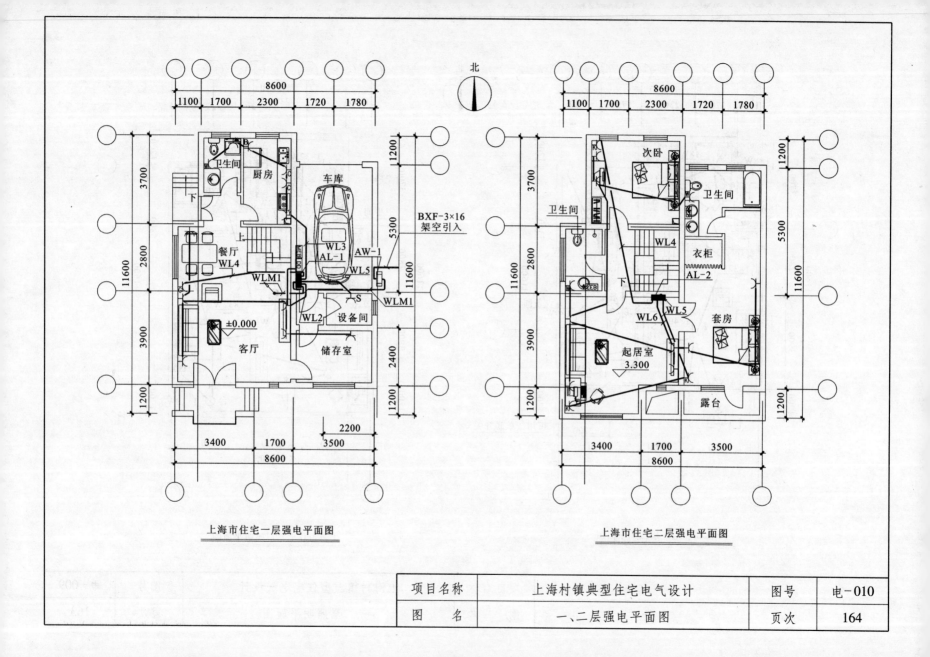

上海市住宅一层强电平面图

上海市住宅二层强电平面图

北

BXF-3×16
架空引入

项目名称	上海村镇典型住宅电气设计	图号	电-010
图　名	一、二层强电平面图	页次	164

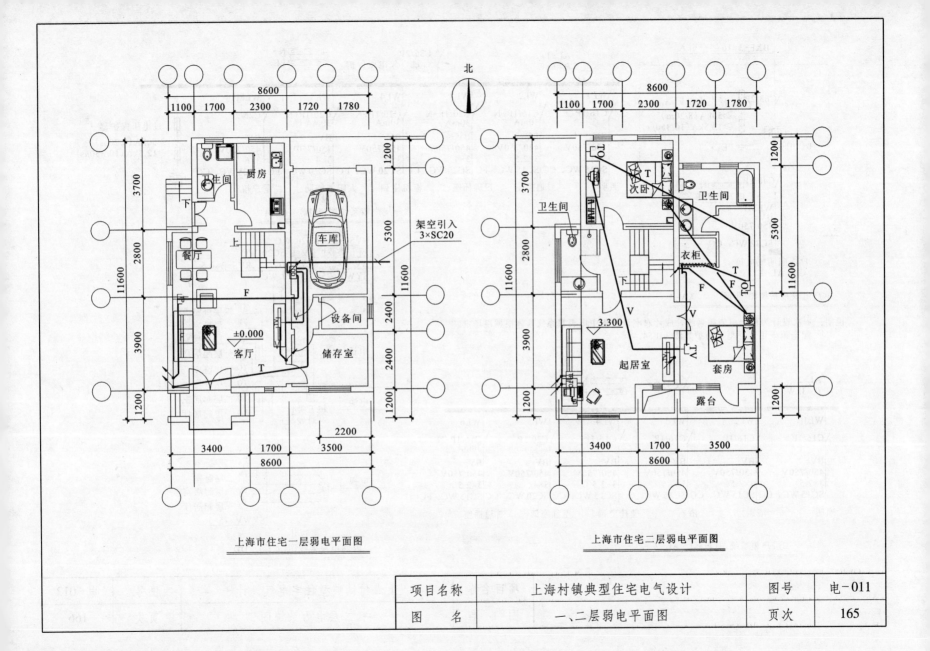

架空引入
3×SC20

上海市住宅一层弱电平面图

次卧
卫生间
衣柜
套房
起居室
露台

上海市住宅二层弱电平面图

项目名称	上海村镇典型住宅电气设计	图号	电-011
图　名	一、二层弱电平面图	页次	165

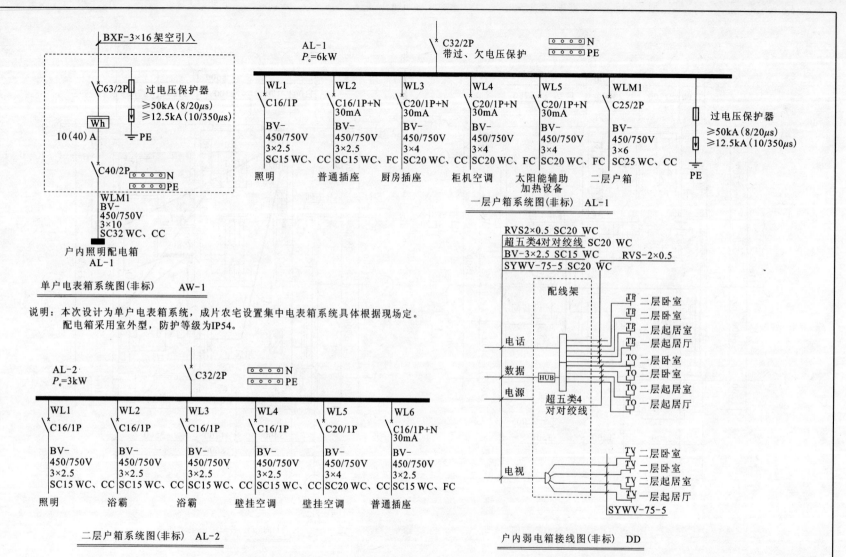

BXF-3×16架空引入

C63/2P

过电压保护器
≥50kA(8/20μs)
≥12.5kA(10/350μs)

Wh

10(40) A

PE

C40/2P N PE

WLM1
BV-
450/750V
3×10
SC32 WC、CC

户内照明配电箱
AL-1

单户电表箱系统图(非标)　　AW-1

AL-1
P_e=6kW

C32/2P
带过、欠电压保护

N
PE

WL1	WL2	WL3	WL4	WL5	WLM1
C16/1P	C16/1P+N 30mA	C20/1P+N 30mA	C20/1P+N 30mA	C20/1P+N 30mA	C25/2P
BV- 450/750V 3×2.5	BV- 450/750V 3×2.5	BV- 450/750V 3×4	BV- 450/750V 3×4	BV- 450/750V 3×4	BV- 450/750V 3×6
SC15 WC、CC	SC15 WC、FC	SC20 WC、CC	SC20 WC、FC	SC20 WC、CC	SC25 WC、CC
照明	普通插座	厨房插座	柜机空调	太阳能辅助加热设备	二层户箱

过电压保护器
≥50kA(8/20μs)
≥12.5kA(10/350μs)

PE

一层户箱系统图(非标)　AL-1

说明：本次设计为单户电表箱系统，成片农宅设置集中电表箱系统具体根据现场定。
　　　配电箱采用室外型，防护等级为IP54。

AL-2
P_e=3kW

C32/2P

N
PE

WL1	WL2	WL3	WL4	WL5	WL6
C16/1P	C16/1P	C16/1P	C16/1P	C20/1P	C16/1P+N 30mA
BV- 450/750V 3×2.5	BV- 450/750V 3×2.5	BV- 450/750V 3×2.5	BV- 450/750V 3×2.5	BV- 450/750V 3×4	BV- 450/750V 3×2.5
SC15 WC、CC	SC15 WC、CC	SC15 WC、CC	SC15 WC、CC	SC20 WC、CC	SC15 WC、FC
照明	浴霸	浴霸	壁挂空调	壁挂空调	普通插座

二层户箱系统图(非标)　AL-2

RVS2×0.5 SC20 WC
超五类4对对绞线 SC20 WC
BV-3×2.5 SC15 WC　　RVS-2×0.5
SYWV-75-5 SC20 WC

配线架

电话

数据　HUB

电源　超五类4对对绞线

TP 二层卧室
TP 二层卧室
TP 二层起居室
TP 一层起居厅
TO 二层卧室
TO 二层卧室
TO 二层起居室
TO 一层起居厅

电视

TV 二层卧室
TV 二层卧室
TV 二层起居室
TV 一层起居厅

SYWV-75-5

户内弱电箱接线图(非标)　DD

项目名称	上海村镇典型住宅电气设计	图号	电-012
图　名	一、二层电力系统图	页次	166

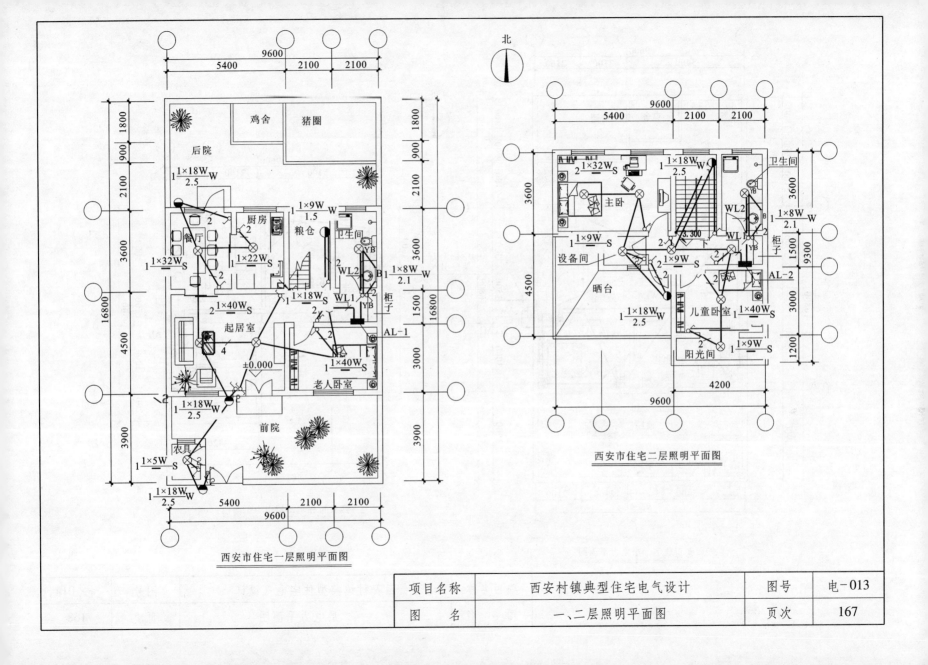

西安市住宅一层照明平面图

西安市住宅二层照明平面图

项目名称	西安村镇典型住宅电气设计	图号	电-013
图名	一、二层照明平面图	页次	167

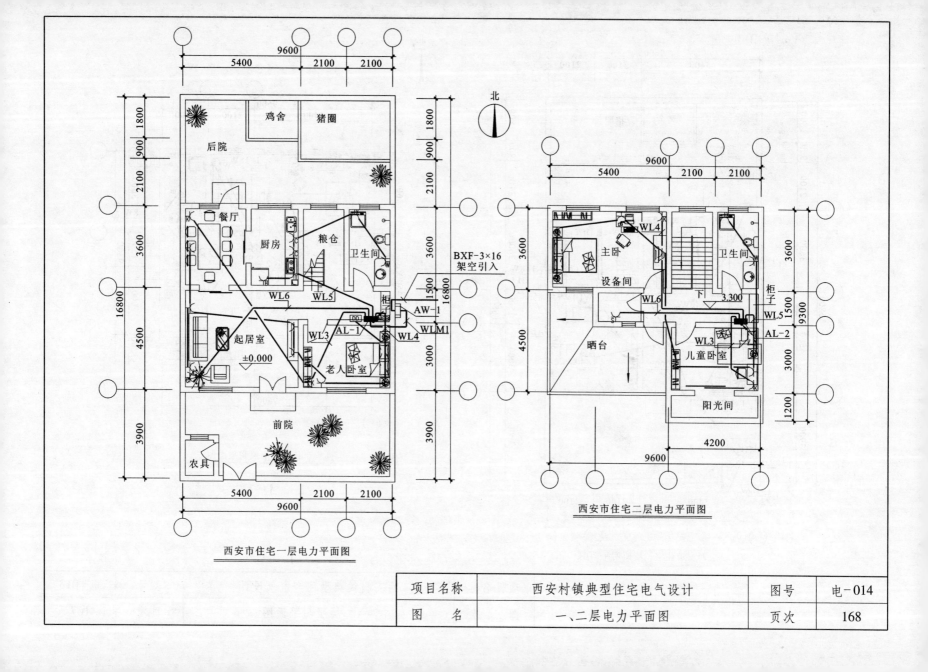

西安市住宅一层电力平面图

西安市住宅二层电力平面图

项目名称	西安村镇典型住宅电气设计	图号	电-014
图　　名	一、二层电力平面图	页次	168

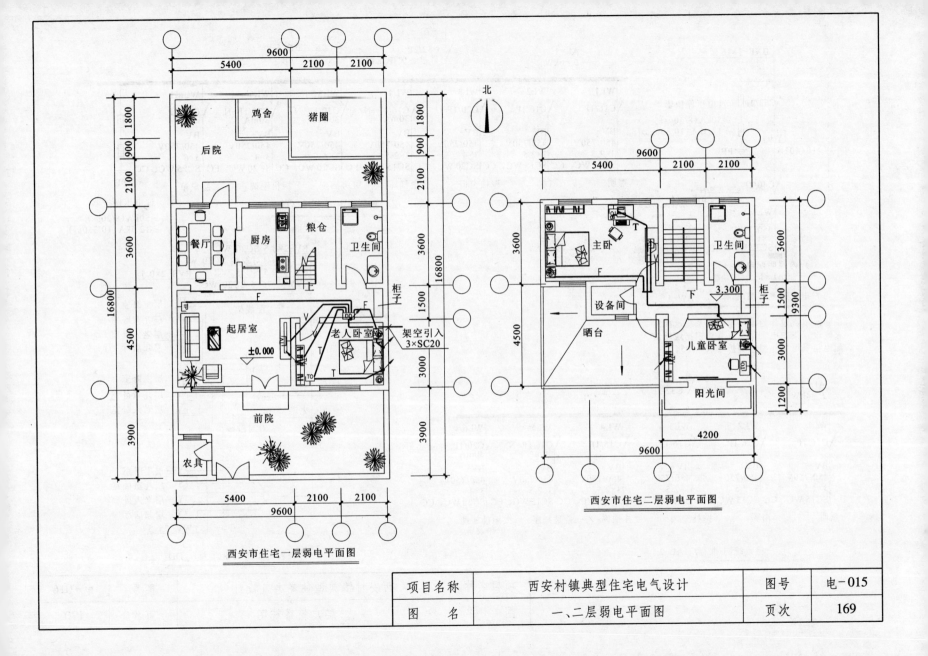

北

架空引入
3×SC20

西安市住宅一层弱电平面图

西安市住宅二层弱电平面图

项目名称	西安村镇典型住宅电气设计	图号	电-015
图 名	一、二层弱电平面图	页次	169

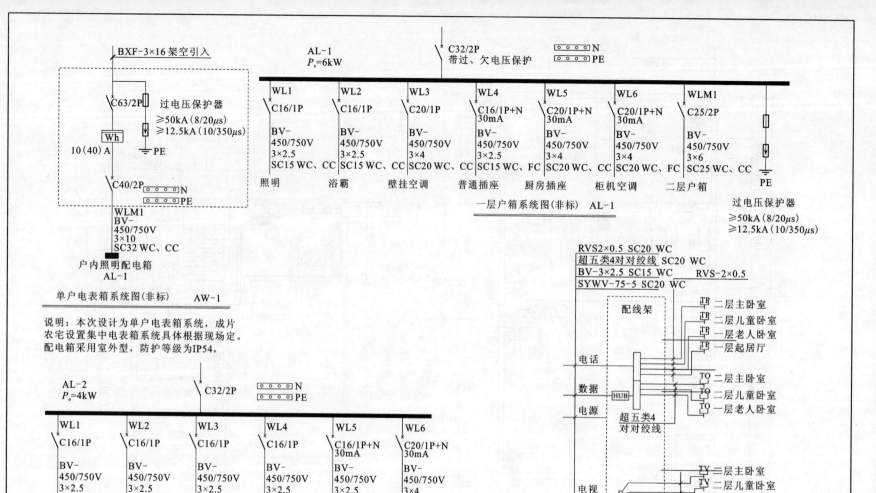

BXF-3×16架空引入

C63/2P 过电压保护器
≥50kA(8/20μs)
≥12.5kA(10/350μs)

Wh

10(40)A   PE

C40/2P ⊙⊙⊙⊙⊙ N
         ⊙⊙⊙⊙⊙ PE

WLM1
BV-
450/750V
3×10
SC32 WC、CC

户内照明配电箱
AL-1

单户电表箱系统图(非标)   AW-1

说明:本次设计为单户电表箱系统,成片
农宅设置集中电表箱系统具体根据现场定。
配电箱采用室外型,防护等级为IP54。

AL-1
P_e=6kW

C32/2P
带过、欠电压保护

⊙⊙⊙⊙⊙ N
⊙⊙⊙⊙⊙ PE

WL1	WL2	WL3	WL4	WL5	WL6	WLM1
C16/1P	C16/1P	C20/1P	C16/1P+N 30mA	C20/1P+N 30mA	C20/1P+N 30mA	C25/2P
BV- 450/750V 3×2.5	BV- 450/750V 3×2.5	BV- 450/750V 3×4	BV- 450/750V 3×2.5	BV- 450/750V 3×4	BV- 450/750V 3×6	BV- 450/750V 3×6
SC15 WC、CC	SC15 WC、CC	SC20 WC、CC	SC15 WC、FC	SC20 WC、CC	SC20 WC、FC	SC25 WC、CC
照明	浴霸	壁挂空调	普通插座	厨房插座	柜机空调	二层户箱

PE

一层户箱系统图(非标) AL-1

过电压保护器
≥50kA(8/20μs)
≥12.5kA(10/350μs)

AL-2
P_e=4kW

C32/2P   ⊙⊙⊙⊙⊙ N
          ⊙⊙⊙⊙⊙ PE

WL1	WL2	WL3	WL4	WL5	WL6
C16/1P	C16/1P	C16/1P	C16/1P	C16/1P+N 30mA	C20/1P+N 30mA
BV- 450/750V 3×2.5	BV- 450/750V 3×2.5	BV- 450/750V 3×2.5	BV- 450/750V 3×2.5	BV- 450/750V 3×2.5	BV- 450/750V 3×4
SC15 WC、CC	SC15 WC、CC	SC15 WC、CC	SC15 WC、CC	SC15 WC、FC	SC20 WC、CC
照明	浴霸	壁挂空调	壁挂空调	普通插座	太阳能辅助 加热设备

二层户箱系统图(非标) AL-2

RVS2×0.5 SC20 WC
超五类4对对绞线 SC20 WC
BV-3×2.5 SC15 WC   RVS-2×0.5
SYWV-75-5 SC20 WC

配线架

电话
数据   HUB
电源
超五类4
对对绞线

电视

TP 二层主卧室
TP 二层儿童卧室
TP 一层老人卧室
TP 一层起居厅

TO 二层主卧室
TO 二层儿童卧室
TO 一层老人卧室

TV 二层主卧室
TV 二层儿童卧室
TV 一层老人卧室
TV 一层起居厅

SYWV-75-5

户内弱电箱接线图(非标) DD

项目名称	西安村镇典型住宅电气设计	图号	电-016
图 名	一、二层户箱系统图	页次	170

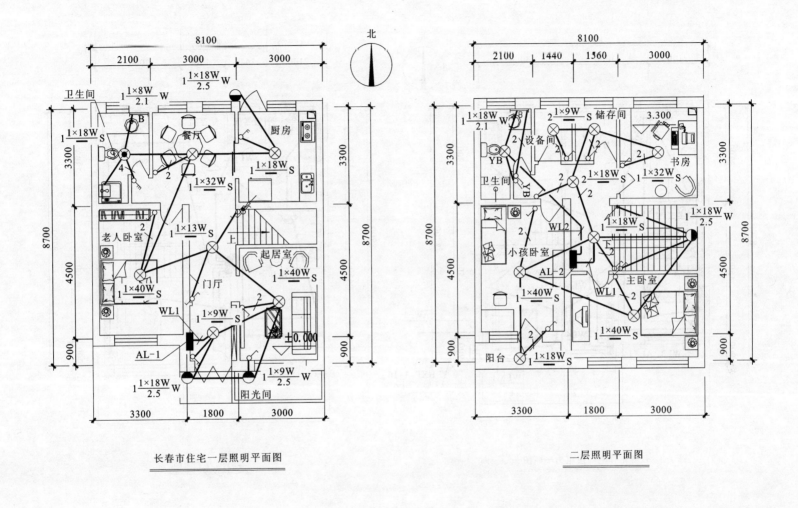

北

长春市住宅一层照明平面图

二层照明平面图

项目名称	长春村镇典型住宅电气设计	图号	电-017
图　名	一、二层照明平面图	页次	171

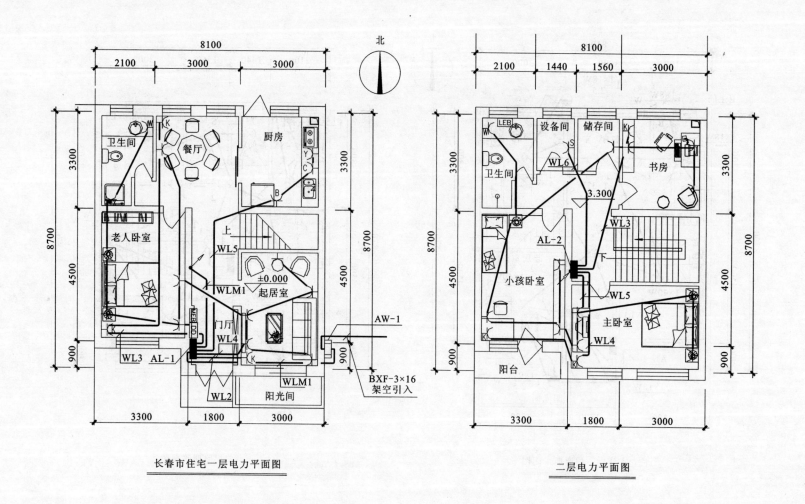

长春市住宅一层电力平面图

二层电力平面图

项目名称	长春村镇典型住宅电气设计	图号	电-018
图　名	一、二层电力平面图	页次	172

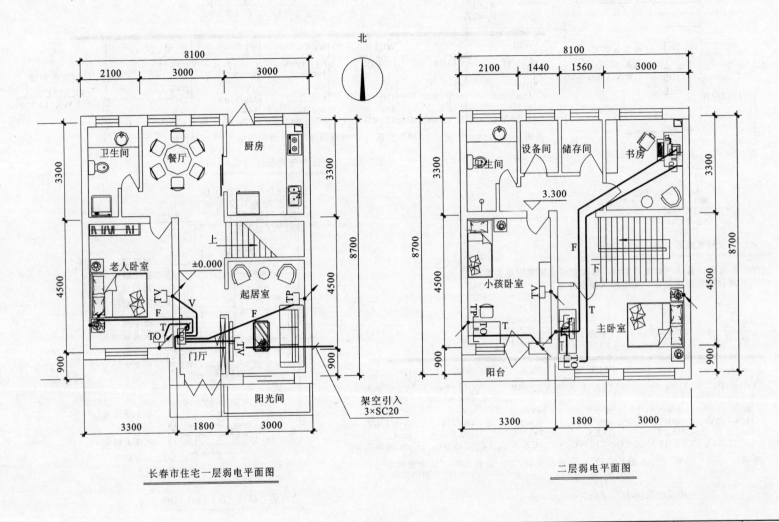

北

长春市住宅一层弱电平面图

二层弱电平面图

项目名称	长春村镇典型住宅电气设计	图号	电-019
图　名	一、二层弱电平面图	页次	173

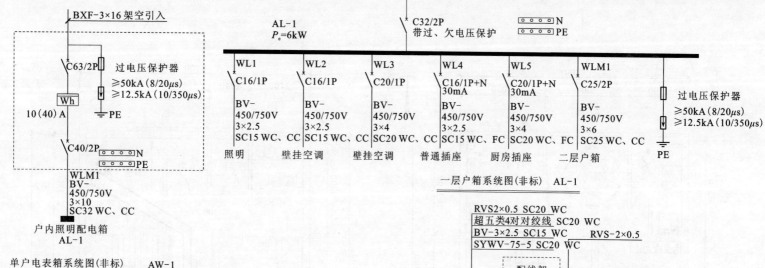

BXF-3×16架空引入

C63/2P
过电压保护器
≥50kA(8/20μs)
≥12.5kA(10/350μs)
Wh
10(40)A
PE
C40/2P ⊙⊙⊙⊙⊙ N
⊙⊙⊙⊙⊙ PE
WLM1
BV-
450/750V
3×10
SC32 WC、CC
户内照明配电箱
AL-1

单户电表箱系统图(非标) AW-1

说明：本次设计为单户电表箱系统，成片农宅设置集中电表箱系
统具体根据现场定。配电箱采用室外型，防护等级为IP54。

AL-1
Pe=6kW

C32/2P
带过、欠电压保护

⊙⊙⊙⊙⊙ N
⊙⊙⊙⊙⊙ PE

WL1	WL2	WL3	WL4	WL5	WLM1
C16/1P	C16/1P	C20/1P	C16/1P+N 30mA	C20/1P+N 30mA	C25/2P
BV- 450/750V 3×2.5	BV- 450/750V 3×2.5	BV- 450/750V 3×4	BV- 450/750V 3×2.5	BV- 450/750V 3×4	BV- 450/750V 3×6
SC15 WC、CC	SC15 WC、CC	SC20 WC、CC	SC15 WC、FC	SC20 WC、FC	SC25 WC、CC
照明	壁挂空调	壁挂空调	普通插座	厨房插座	二层户箱

过电压保护器
≥50kA(8/20μs)
≥12.5kA(10/350μs)
PE

一层户箱系统图(非标) AL-1

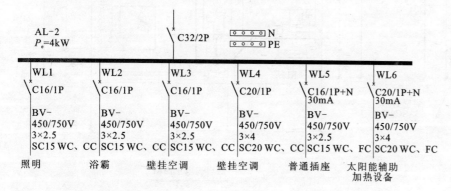

AL-2
Pe=4kW

C32/2P
⊙⊙⊙⊙⊙ N
⊙⊙⊙⊙⊙ PE

WL1	WL2	WL3	WL4	WL5	WL6
C16/1P	C16/1P	C16/1P	C20/1P	C16/1P+N 30mA	C20/1P+N 30mA
BV- 450/750V 3×2.5	BV- 450/750V 3×2.5	BV- 450/750V 3×2.5	BV- 450/750V 3×4	BV- 450/750V 3×2.5	BV- 450/750V 3×4
SC15 WC、CC	SC15 WC、CC	SC15 WC、CC	SC20 WC、CC	SC15 WC、FC	SC20 WC、FC
照明	浴霸	壁挂空调	壁挂空调	普通插座	太阳能辅助 加热设备

二层户箱系统图(非标) AL-2

RVS2×0.5 SC20 WC
超五类4对对绞线 SC20 WC
BV-3×2.5 SC15 WC   RVS-2×0.5
SYWV-75-5 SC20 WC

配线架

电话

数据   HUB

电源

超五类4
对对绞线

TP 二层卧室
TP 二层主卧室
TP 二层书房
TP 一层起居厅
TO 二层小孩卧室
TO 二层主卧室
TO 二层书房
TO 一层老人卧室

电视

TV 二层小孩卧室
TV 二层主卧室
TV 一层老人卧室
TV 一层起居厅

SYWV-75-5

户内弱电箱接线图(非标) DD

项目名称	长春村镇典型住宅电气设计		图号	电-020
图　　名	一、二层户箱系统图		页次	174

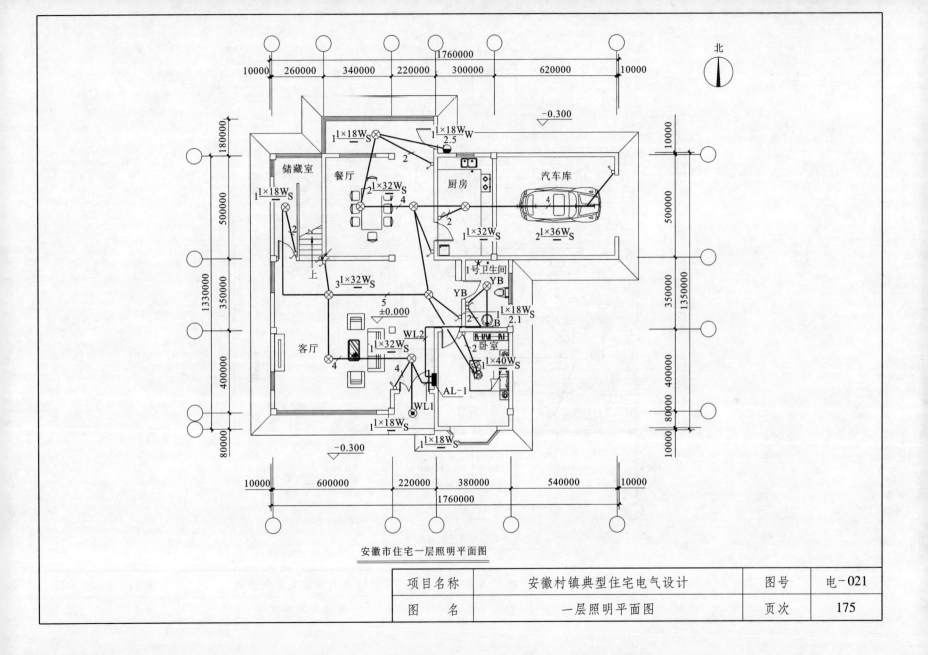

安徽市住宅一层照明平面图

项目名称	安徽村镇典型住宅电气设计	图号	电-021
图　名	一层照明平面图	页次	175

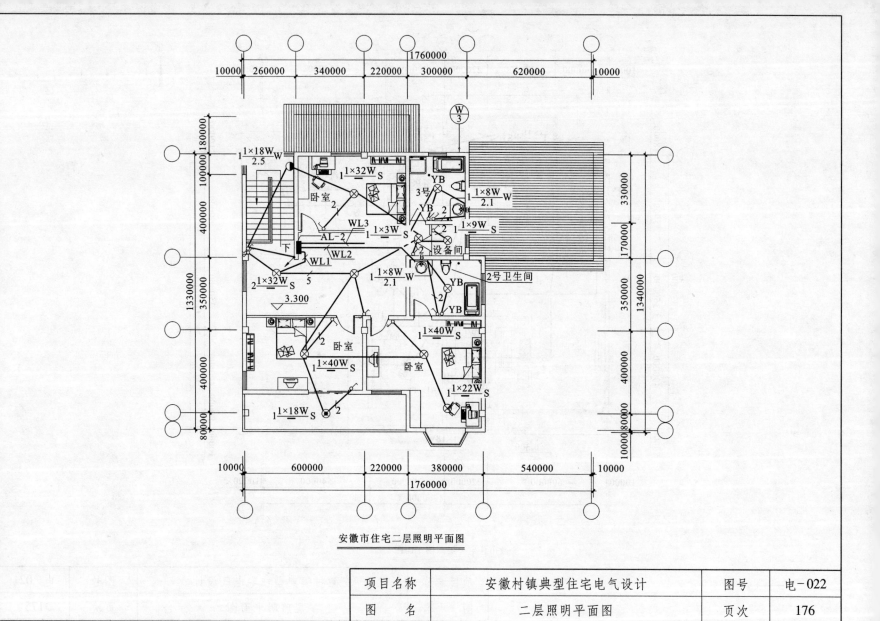

安徽市住宅二层照明平面图

项目名称	安徽村镇典型住宅电气设计	图号	电-022
图　名	二层照明平面图	页次	176

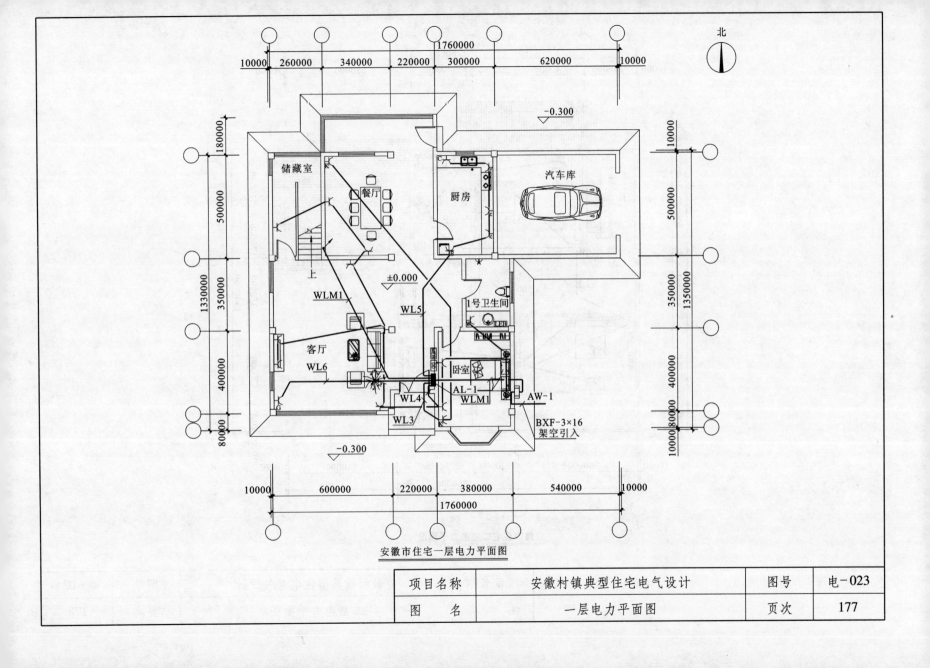

安徽市住宅一层电力平面图

项目名称	安徽村镇典型住宅电气设计	图号	电－023
图　名	一层电力平面图	页次	177

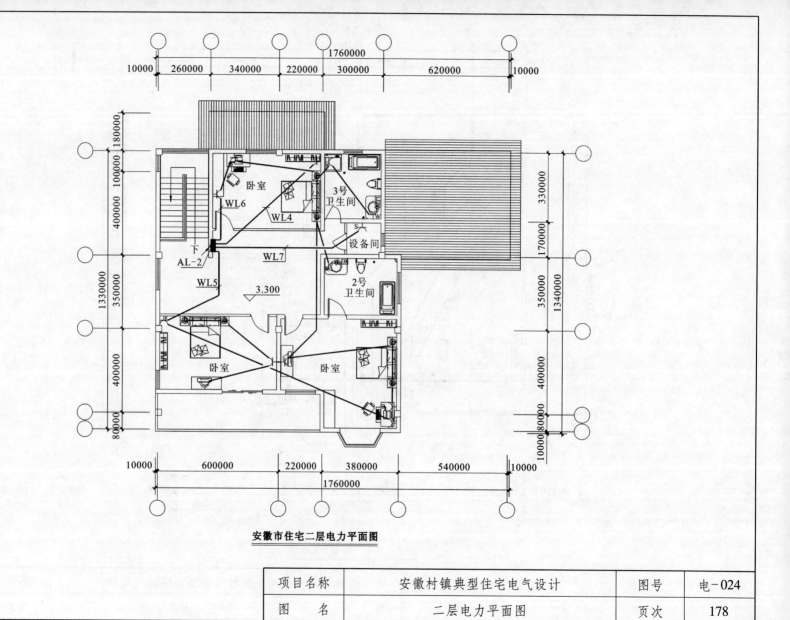

安徽市住宅二层电力平面图

项目名称	安徽村镇典型住宅电气设计	图号	电-024
图　名	二层电力平面图	页次	178

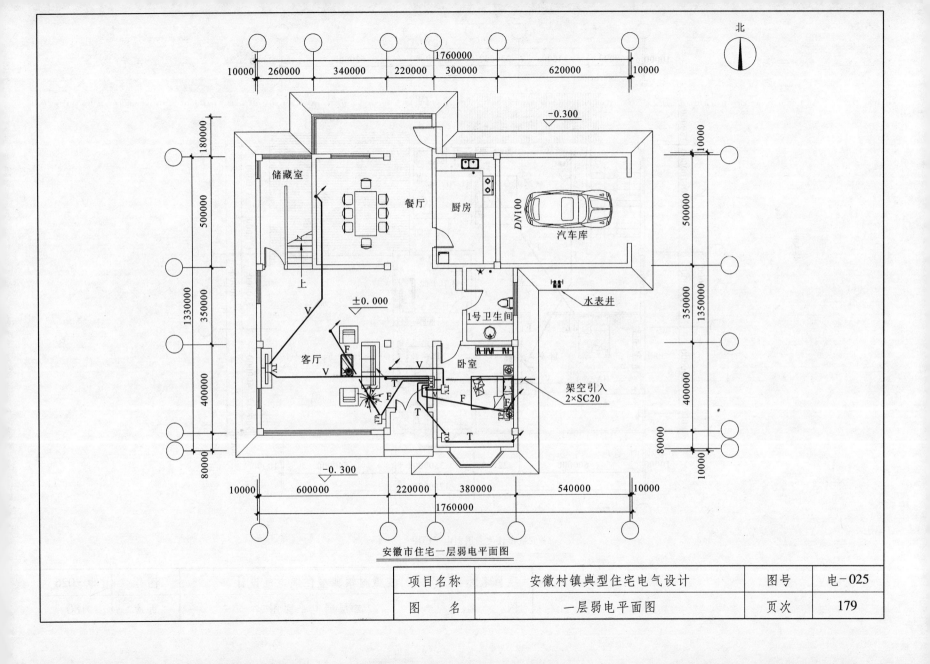

安徽市住宅一层弱电平面图

项目名称	安徽村镇典型住宅电气设计	图号	电-025
图　名	一层弱电平面图	页次	179

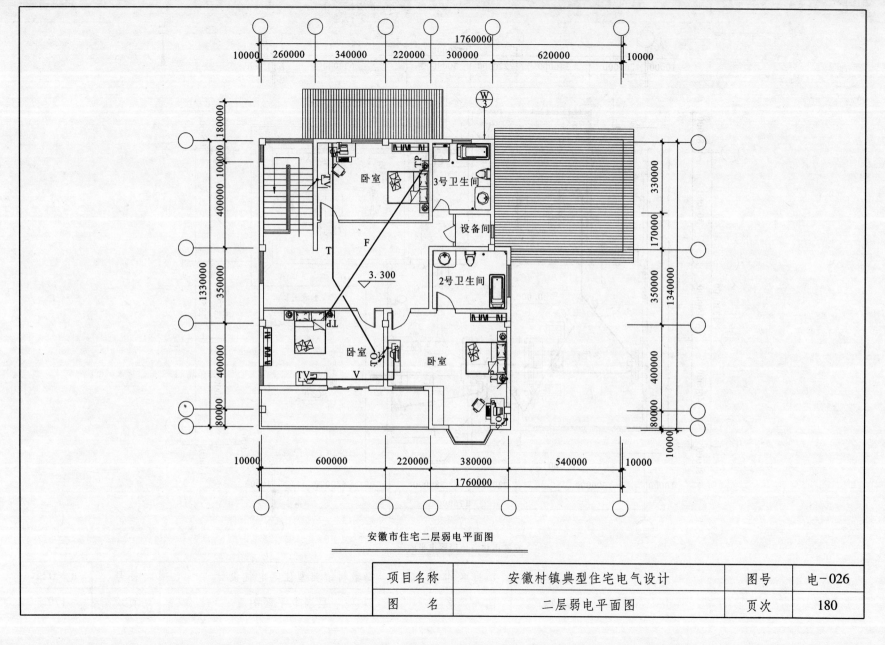

安徽市住宅二层弱电平面图

项目名称	安徽村镇典型住宅电气设计	图号	电-026
图　名	二层弱电平面图	页次	180

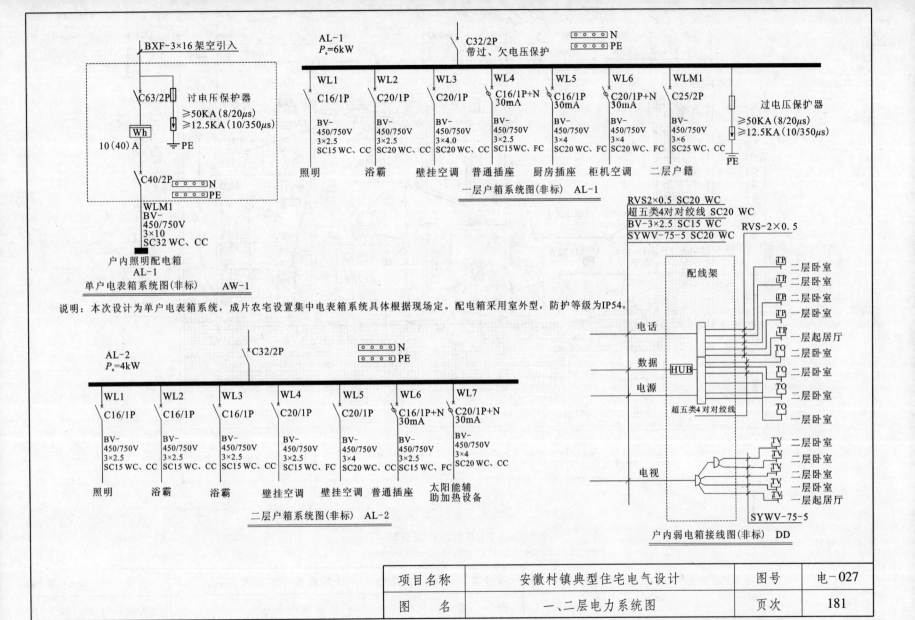

BXF-3×16架空引入

C63/2P 过电压保护器
≥50KA(8/20μs)
≥12.5KA(10/350μs)

Wh

10(40)A

PE

C40/2P N
PE

WLM1
BV-
450/750V
3×10
SC32 WC、CC

户内照明配电箱
AL-1

单户电表箱系统图(非标)　AW-1

说明：本次设计为单户电表箱系统，成片农宅设置集中电表箱系统具体根据现场定。配电箱采用室外型，防护等级为IP54。

AL-1
P_e=6kW

C32/2P
带过、欠电压保护

N
PE

WL1	WL2	WL3	WL4	WL5	WL6	WLM1
C16/1P	C20/1P	C20/1P	C16/1P+N 30mA	C16/1P 30mA	C20/1P+N 30mA	C25/2P
BV-450/750V 3×2.5 SC15 WC、CC	BV-450/750V 3×2.5 SC20 WC、CC	BV-450/750V 3×4.0 SC20 WC、CC	BV-450/750V 3×2.5 SC15 WC、FC	BV-450/750V 3×4 SC20 WC、FC	BV-450/750V 3×4 SC20 WC、FC	BV-450/750V 3×6 SC25 WC、CC
照明	浴霸	壁挂空调	普通插座	厨房插座	柜机空调	二层户箱

过电压保护器
≥50KA(8/20μs)
≥12.5KA(10/350μs)

PE

一层户箱系统图(非标)　AL-1

AL-2
P_e=4kW

C32/2P

N
PE

WL1	WL2	WL3	WL4	WL5	WL6	WL7
C16/1P	C16/1P	C16/1P	C20/1P	C20/1P	C16/1P+N 30mA	C20/1P+N 30mA
BV-450/750V 3×2.5 SC15 WC、CC	BV-450/750V 3×2.5 SC15 WC、CC	BV-450/750V 3×2.5 SC15 WC、CC	BV-450/750V 3×4 SC15 WC、FC	BV-450/750V 3×4 SC20 WC、CC	BV-450/750V 3×2.5 SC15 WC、FC	BV-450/750V 3×4 SC20 WC、CC
照明	浴霸	浴霸	壁挂空调	壁挂空调	普通插座	太阳能辅助加热设备

二层户箱系统图(非标)　AL-2

RVS2×0.5 SC20 WC
超五类4对对绞线 SC20 WC
BV-3×2.5 SC15 WC
SYWV-75-5 SC20 WC

RVS-2×0.5

配线架

电话

数据　HUB

电源

电视

TP 二层卧室
TP 二层卧室
TP 二层卧室
TP 一层卧室
TP 一层起居厅
TO 二层卧室
TO 二层卧室
TO 二层卧室
TO 一层卧室

超五类4对对绞线

TV 二层卧室
TV 二层卧室
TV 二层卧室
TV 一层卧室
TV 一层起居厅

SYWV-75-5

户内弱电箱接线图(非标)　DD

项目名称	安徽村镇典型住宅电气设计	图号	电-027
图　名	一、二层电力系统图	页次	181

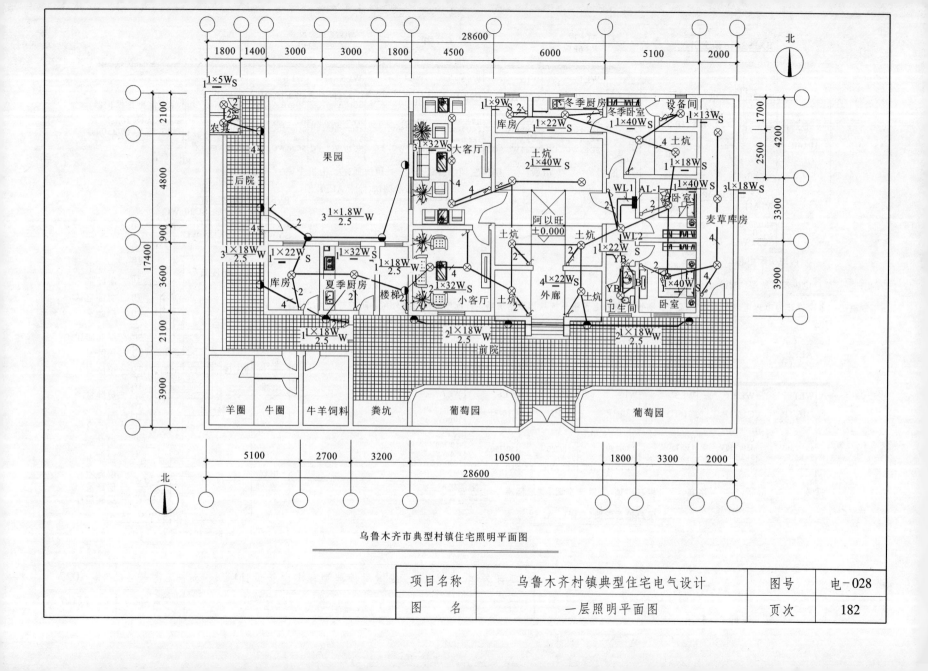

乌鲁木齐市典型村镇住宅照明平面图

项目名称	乌鲁木齐村镇典型住宅电气设计	图号	电－028
图　名	一层照明平面图	页次	182

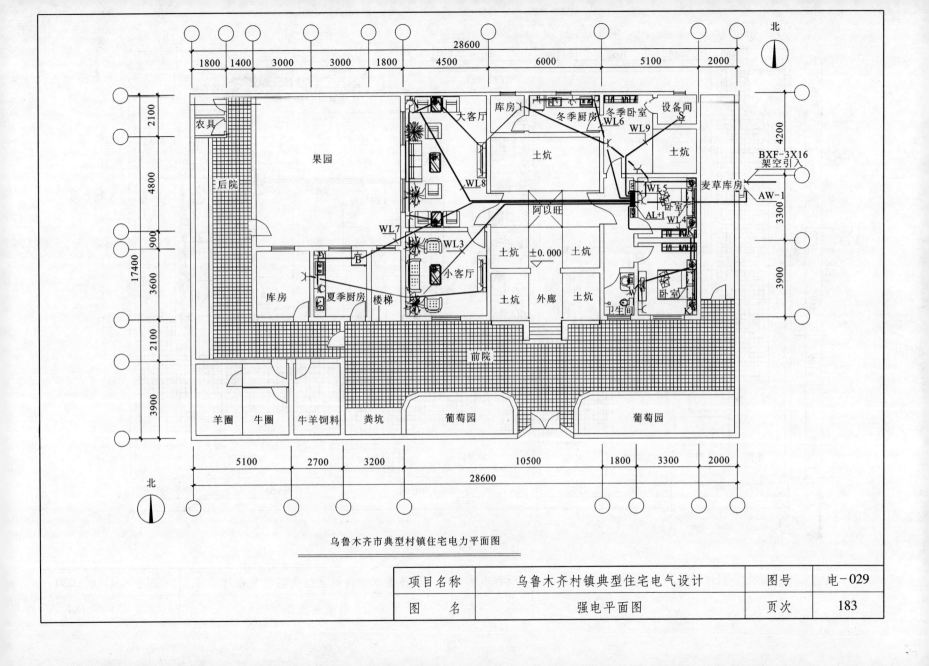

乌鲁木齐市典型村镇住宅电力平面图

项目名称	乌鲁木齐村镇典型住宅电气设计	图号	电-029
图　名	强电平面图	页次	183

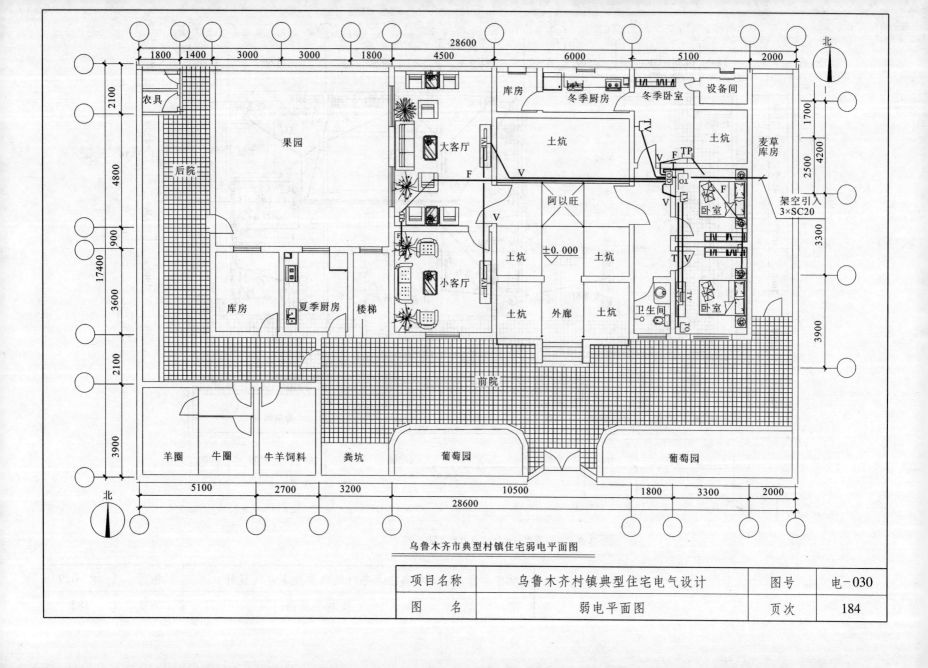

乌鲁木齐市典型村镇住宅弱电平面图

项目名称	乌鲁木齐村镇典型住宅电气设计	图号	电-030
图　名	弱电平面图	页次	184

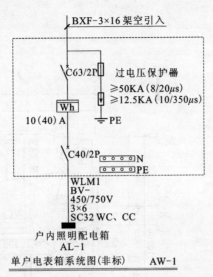

BXF-3×16 架空引入

C63/2P 过电压保护器
≥50KA(8/20μs)
≥12.5KA(10/350μs)

Wh
10(40)A PE

C40/2P N
PE

WLM1
BV-
450/750V
3×6
SC32 WC、CC

户内照明配电箱
AL-1

单户电表箱系统图(非标) AW-1

说明：本次设计为单户电表箱系统，成片农宅设置集中电表箱系统具体根据现场定。配电箱采用室外型，防护等级为IP54。

RVS2×0.5 SC15 WC
超五类4对对绞线 SC20 WC
BV-3×2.5 SC15 WC
SYWV-75-5 SC20 WC
RV5-2×0.5

配线架

电话
数据
电源
电视

HUB

超五类4对对绞线

SYWV-75-5

TP 冬季卧室
TP 卧室
TP 卧室
TP 小客厅
TP 大客厅

TO 卧室
TO 卧室

TV 冬季卧室
TV 卧室
TV 卧室
TV 小客厅
TV 大客厅

户内弱电箱接线图(非标) DD

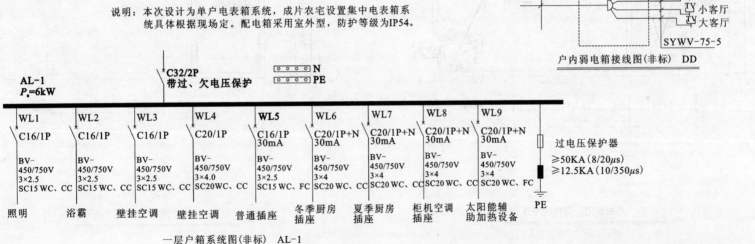

AL-1
P₀=6kW

C32/2P
带过、欠电压保护

N
PE

WL1 WL2 WL3 WL4 WL5 WL6 WL7 WL8 WL9

C16/1P C16/1P C16/1P C20/1P C16/1P C20/1P+N C20/1P+N C20/1P+N C20/1P+N
30mA 30mA 30mA 30mA 30mA

过电压保护器
≥50KA(8/20μs)
≥12.5KA(10/350μs)

BV- BV- BV- BV- BV- BV- BV- BV- BV-
450/750V 450/750V 450/750V 450/750V 450/750V 450/750V 450/750V 450/750V 450/750V
3×2.5 3×2.5 3×2.5 3×4.0 3×2.5 3×4 3×4 3×4 3×4
SC15 WC、CC SC15 WC、CC SC15 WC、CC SC20WC、CC SC15 WC、FC SC20 WC、CC SC20 WC、CC SC20 WC、CC SC20 WC、FC

PE

照明　浴霸　壁挂空调　壁挂空调　普通插座　冬季厨房插座　夏季厨房插座　柜机空调插座　太阳能辅助加热设备

一层户箱系统图(非标) AL-1

项目名称	乌鲁木齐村镇典型住宅电气设计	图号	电-031
图　名	户箱系统图	页次	185

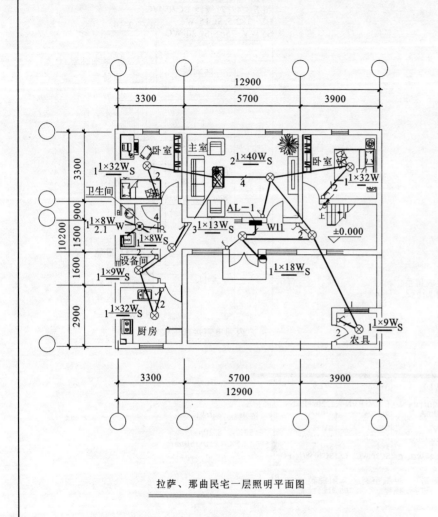

拉萨、那曲民宅一层照明平面图

拉萨、那曲民宅二层照明平面图

北

项目名称	拉萨、那曲村镇典型住宅电气设计	图号	电-032
图　名	一、二层照明平面图	页次	186

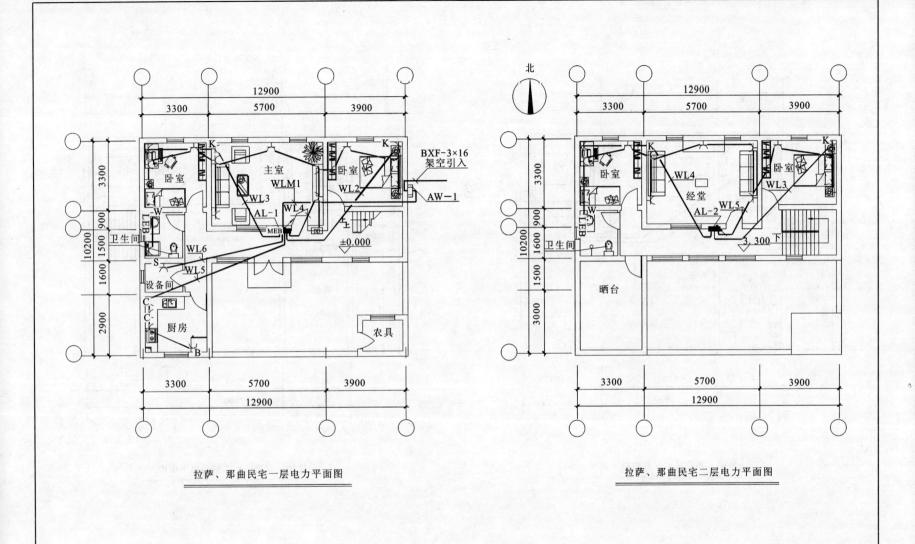

拉萨、那曲民宅一层电力平面图

拉萨、那曲民宅二层电力平面图

项目名称	拉萨、那曲村镇典型住宅电气设计	图号	电-033
图 名	一、二层电力平面图	页次	187

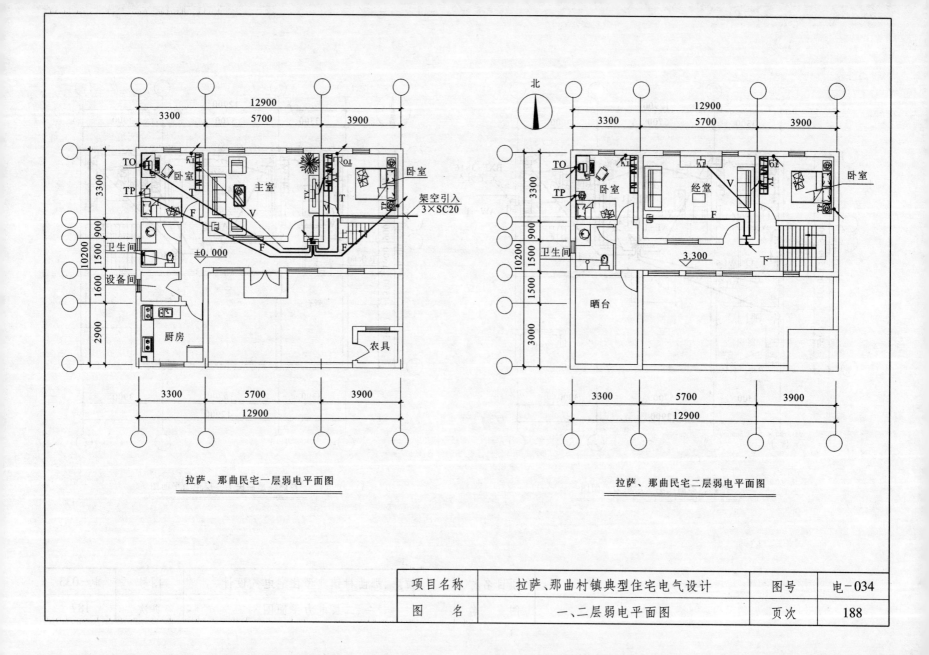

拉萨、那曲民宅一层弱电平面图

拉萨、那曲民宅二层弱电平面图

项目名称	拉萨、那曲村镇典型住宅电气设计	图号	电-034
图 名	一、二层弱电平面图	页次	188

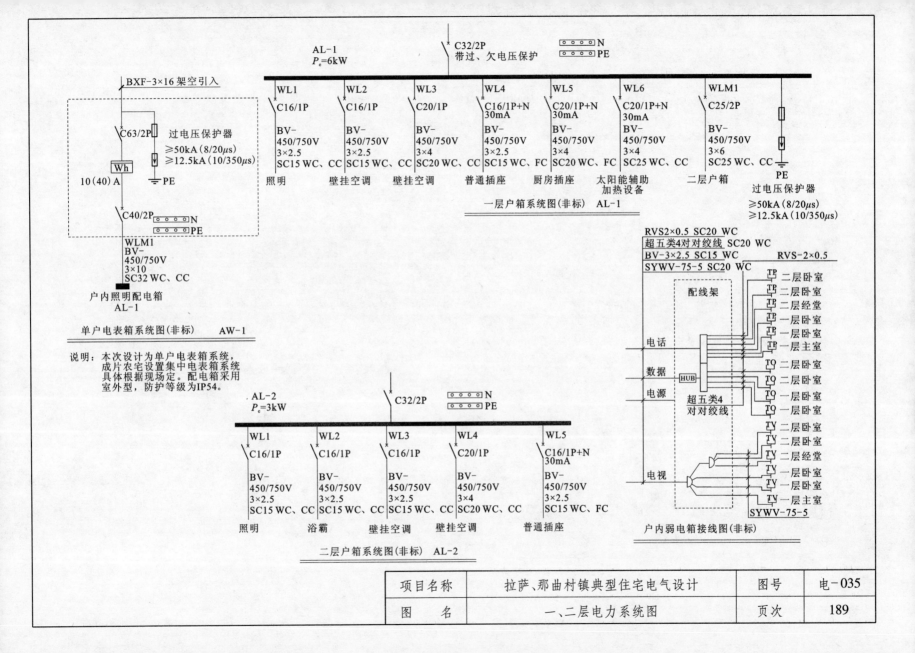

BXF-3×16架空引入

AL-1
P_e=6kW

C32/2P
带过、欠电压保护

N
PE

过电压保护器
≥50kA(8/20μs)
≥12.5kA(10/350μs)

C63/2P

Wh

10(40)A

PE

C40/2P
N
PE

WLM1
BV-
450/750V
3×10
SC32 WC、CC

户内照明配电箱
AL-1

单户电表箱系统图(非标)　　　AW-1

说明：本次设计为单户电表箱系统，
成片农宅设置集中电表箱系统
具体根据现场定。配电箱采用
室外型，防护等级为IP54。

WL1	WL2	WL3	WL4	WL5	WL6	WLM1
C16/1P	C16/1P	C20/1P	C16/1P+N 30mA	C20/1P+N 30mA	C20/1P+N 30mA	C25/2P
BV- 450/750V 3×2.5	BV- 450/750V 3×2.5	BV- 450/750V 3×4	BV- 450/750V 3×2.5	BV- 450/750V 3×4	BV- 450/750V 3×4	BV- 450/750V 3×6
SC15 WC、CC	SC15 WC、CC	SC20 WC、CC	SC15 WC、FC	SC20 WC、FC	SC25 WC、CC	SC25 WC、CC
照明	壁挂空调	壁挂空调	普通插座	厨房插座	太阳能辅助 加热设备	二层户箱

PE
过电压保护器
≥50kA(8/20μs)
≥12.5kA(10/350μs)

一层户箱系统图(非标)　AL-1

AL-2
P_e=3kW

C32/2P
N
PE

WL1	WL2	WL3	WL4	WL5
C16/1P	C16/1P	C16/1P	C20/1P	C16/1P+N 30mA
BV- 450/750V 3×2.5	BV- 450/750V 3×2.5	BV- 450/750V 3×2.5	BV- 450/750V 3×4	BV- 450/750V 3×2.5
SC15 WC、CC	SC15 WC、CC	SC15 WC、CC	SC20 WC、CC	SC15 WC、FC
照明	浴霸	壁挂空调	壁挂空调	普通插座

二层户箱系统图(非标)　AL-2

RVS2×0.5 SC20 WC
超五类4对对绞线 SC20 WC
BV-3×2.5 SC15 WC
SYWV-75-5 SC20 WC
RVS-2×0.5

配线架

TP 二层卧室
TP 二层卧室
TP 二层经堂
TP 一层卧室
TP 一层卧室
TP 一层主室

电话

数据

电源

HUB

超五类4
对对绞线

TO 二层卧室
TO 二层卧室
TO 一层卧室
TO 一层卧室

电视

TV 二层卧室
TV 二层卧室
TV 二层经堂
TV 一层卧室
TV 一层卧室
TV 一层主室

SYWV-75-5

户内弱电箱接线图(非标)

项目名称	拉萨、那曲村镇典型住宅电气设计	图号	电-035
图　名	一、二层电力系统图	页次	189